아이의
자존감은
엄마의
말에서
시작한다

아이의 자존감은 엄마의 말에서 시작한다

초 판 1쇄   2020년 06월 10일

지은이 안다김
펴낸이 류종렬

펴낸곳 미다스북스
총괄실장 명상완
책임편집 이다경
책임진행 박새연 김가영 신은서
본문교정 최은혜 강윤희 정은희 정필례

등록 2001년 3월 21일 제2001-000040호
주소 서울시 마포구 양화로 133 서교타워 711호
전화 02) 322-7802~3
팩스 02) 6007-1845
블로그 http://blog.naver.com/midasbooks
전자주소 midasbooks@hanmail.net
페이스북 https://www.facebook.com/midasbooks425

© 안다김, 미다스북스 2020, *Printed in Korea*.

ISBN 978-89-6637-803-6 03590

값 15,000원

아이의
자존감은
엄마의
말에서
시작한다

따뜻하고
부드럽지만
단호하게,
아이의
마음을 지키는
엄마의 대화법

안다김 지음

미다스북스

아이의 자존감은 엄마의 말에서 시작한다

잘 커주길 바라는 마음으로 엄마가 아이에게 하는 말이 오히려 상처가 될 수도 있다. 더 나아가 '너는 할 수 없어.'라는 의미가 되어 아이의 가슴에 남을 수도 있다. 엄마의 마음과는 달리 매사에 자신감이 없는 아이로 자라게 될지도 모른다. 이렇듯 일상 속 엄마의 사소한 말, 표정, 눈빛은 아이에게 큰 영향을 준다. 그것이 긍정적이든, 부정적이든.

나는 엄마가 된 지 20년이 되었다. 지금에서야 엄마가 아이에게 줄 수 있는 가장 소중한 것은 자존감이라는 생각이 든다. 자존감 높은 아이가 행복하게 성장하고 또한 성공할 수 있기 때문이다. 스스로 '나는 할 수 있어.'라고 생각하는 아이로 키울 수 있는 사람은 바로 엄마이다. 이 책을 통해서 엄마 역할의 중요성을 많은 사람들이 알게 되어 행복한 아이로 키웠으면 하는 마음에서 쓰게 되었다.

자존감은 내가 무언가를 실패하더라도 나 자신을 사랑하는 마음을 잃지 않도록 해준다. 자존감이 높은 사람은 타인의 시선으로부터 자유로우며 자신에게 집중한다. 아이에게 자존감을 심어주어야 어렵고 힘든 상황에서도 꿋꿋하게 자신의 길을 걸을 수 있는 아이로 성장한다.

엄마들은 모두 자녀를 사랑한다. 엄마라면 자존감 공부는 필수이다. 성공자의 옆에는 아이의 자존감을 높여주는 엄마가 있었다. 이 책이 자존감의 중요성을 아는 데 조금이나마 도움이 되었으면 한다. 엄마가 아이에게 일상에서 어떤 말을 해주면 자존감이 높아지는지에 대해 경험을 토대로 꾸몄다.

1장은 왜 아이의 자존감이 중요한지를 실었다. 자존감이 아이의 미래를 위해 어떠한 역할을 하는지 알려준다.

2장은 자존감 높은 아이의 뒤에는 자존감 높은 엄마가 있다는 내용이다. 엄마의 내면을 먼저 살펴보아야 하는 이유와 아이의 자존감 형성을 위해 엄마가 해야 할 일을 실었다.

3장은 아이의 자존감은 엄마와의 관계에서 시작된다는 내용이다. 아이를 믿고 바라보기, 교감하기, 칭찬하기 등 다양한 내용을 다뤘다.

4장은 아이의 자존감을 높여주는 엄마의 대화법이다.

5장은 행복한 아이로 키우고 싶다면 자존감부터 높여야 하는 이유를 구체적으로 이야기한다.

엄마는 아이와 가장 밀접한 관계를 맺고 있다. 그렇기에 엄마에 의해서 아이의 미래가 달라질 수 있다. 아이고, 엄마도 모두 자존감을 높이고 스스로를 사랑하는 사람이 되어 행복한 일생을 살기를 바란다.

이 책이 나올 수 있도록 도와준 〈한국책쓰기1인창업코칭협회〉의 김태광 대표님과 위닝북스의 권동희 대표님께 깊은 감사를 드린다. 그리고 아낌없는 지원과 진심으로 기뻐하고 응원을 보내준 남편과 원고 쓰고 있는 엄마에게 여러 가지 도움을 준 아들과 딸에게 감사한 마음을 전한다. 그동안 나를 믿어주고 지지해주신 부모님께 지면을 통해 감사드리고 싶다.

끝으로 미다스북스의 모든 관계자분들에게 감사드린다.

1장 왜 아이의 자존감이 중요한가?

2장 자존감 높은 아이 뒤에는 자존감 높은 엄마가 있다

3장 아이의 자존감은 엄마와의 관계가 결정한다

4장 아이의 자존감을 높여주는 엄마의 대화법

5장 행복한 아이로 키우려면 자존감부터 높여라

왜 아이의
자존감이 중요한가?

01

자존감은
아이의 미래를 결정한다

인간은 선천적으로는 거의 비슷하나
후천적으로 큰 차이가 나게 된다.

– 공자 –

아이의 미래는 무엇으로 결정될까? 엄마는 아이의 무엇에 가장 관심을 가질까? 대부분 아이가 어릴 때는 건강하게만 자랐으면 하는 마음뿐이다. 그것만으로도 감사하고 행복감을 느낀다. 그러나 아이가 조금 자라게 되면 조기 교육에 관심을 가지게 된다. 이 교구가 좋다면 우르르 교구 사기 바쁘고, 이 책이 좋다면 또 마구 사들이게 된다. 한글을 몇 살에 하면 좋은지, 영어는 언제 시킬까, 이런 생각들로 가득하다. 나 역시 예외는 아니었다.

나에게는 올해 20살 된 아들과 초등학교 5학년이 된 딸이 있다. 막상 아이들을 키워보니 아이들에게는 한글이나 영어가 중요한 것이 아니었다. 조기 학습은 주위 환경에 휩쓸려 내 아이가 남들보다 뒤처질까 하는 불안감으로 시작한다. 내 아이를 잘 키우고 싶은 것은 어느 부모든 같은 마음일 것이다. 유독 우리나라의 사회적 분위기는 21세기가 되었어도, 스펙이 없으면 마치 성공할 수 없다는 듯이 스펙 쌓기는 필수가 되었다. 정작 아이에게 심어주어야 하는 자신을 사랑하는 방법, 즉 자존감을 키워주어야 한다는 인식은 적은 듯하다. 나부터 그랬던 것 같다. 육아 서적을 보아도 '책은 언제 어떻게 읽히고, 영어는 언제 어떻게 하면 좋다!' 이런 것들이 가장 눈에 들어왔다. 왜냐하면 아이의 행복과 성공은 공부 잘해서 대기업에 취직하는 것이고, 그러기 위해서는 남들보다 앞서야 한다고 생각했다. 그것이 아이를 위하는 길이고 아이를 사랑하는 것이라고 착각했다.

큰아이는 4살 때부터 한글을 가르쳤다. 책 읽기를 하면 정서적으로 좋다고 해서 매일 밤 책을 쌓아놓고 읽어주었다. 엄마의 속마음은 많은 지식을 알게 해주어 공부를 잘하는 아이로 키우고 싶었다. 영어도 6살 때부터 시작하였다. 그 외에도 이것저것 어릴 때부터 많이 시켰던 것 같다. 초등학교 때는 피아노, 드럼, 우쿨렐레, 미술, 태권도, 바둑, 영어 학원, 방과 후까지 시켰다. 배드민턴, 컴퓨터, 주산까지 하게 했다. 다양한 경험이 아이에게 도움이 되리라고 생각했었기 때문이다. 지금 생각해보니 너무 아이를 힘들게 한 것 같아 미안해진다.

중1 때까지는 공부에 흥미를 느끼고 잘하였다. 중2 여름방학 때 아이에게 더 동기 부여를 해주고 싶어서 SKY 대학 가는 공부법을 가르쳐주는 캠프를 보내게 되었다. 어찌된 일인지 캠프를 다녀오고부터는 아이가 공부를 열심히 하지 않는 것이었다. 갑자기 공부에 흥미가 떨어진 듯한 느낌을 받았다. 캠프에 다녀오기만 하면, 아들이 더욱 공부에 흥미를 갖고 스스로 열공하여 SKY 중 '어디로 갈까?' 하고 고민하는 것을 내심 기대했다. 그래서 나는 더욱 이해가 안 되었고 너무 궁금하여 아이에게 물었다.

"너 요즘 공부를 열심히 하지 않는 것 같은데 왜 그러는 거야?"
"아닌데……."
"아니라니? 무슨 이유가 있는 것 같은데 엄마한테 편하게 말해봐!"
"공부는 아무나 하는 게 아니고 재능이 있어야 하는 것 같더라고…….
나는 별로 공부에는 재능이 없는 것 같아!"

헉, 이것이 무슨 말인가! 나는 깜짝 놀랐다. 캠프의 멘토들은 대부분 SKY 학생이었다. 국·영·수 공부법을 배웠는데 엄청 열심히 하지 않으면 절대 갈 수 없는 곳이라고 느끼고 온 것이었다. 거기다가 대학교 모의 면접까지 봤다면서 '후덜덜' 하였다고 했다. 그러면서 '나는 공부를 그렇게까지 할 자신이 없다. 생각해보니 재능도 별로 없다!'고 아이 스스로 자기 자신을 평가하고 결론 내려버린 것이었다. 그 후부터 아이는 아무리 말해도 공부를 열심히 하지 않는 아이가 되었다. 나는 멘붕이 왔다. 어디서부터 잘못된 것인지 생각하게 되었다. 아무리 생각해도 캠프를 보낸 것이 문제였던 것이다. 결국은 나의 교육열이 너무 심해서 아이가 질리게 되었다는 것을 알게 되었다.

"엄마가 초등학교 때 나를 너무 놀지 못하게 했어!"

이 말을 듣고 나는 망치로 머리를 맞은 기분이 들었다. 아이를 잘 키우고 싶어 한 것이 도리어 아이를 너무나 힘들게 했구나 하는 생각을 떨칠 수가 없었다. 그 후로 나는 부모 역할에 대해 어떻게 하면 아이를 잘 키울 수 있을까 고민하기 시작했다. 둘째인 딸아이와 같은 어린이집에 다니는 친구 엄마와 친하게 되어 자주 만나곤 했었다. 그 엄마와 딸의 대화를 보면서 나는 나와 다른 점을 발견하였다.

"그렇구나, 지금 하기 싫은 거구나. 그럼 언제 하면 좋겠니?
"엄마도 지금 기분이 안 좋아!"

뭐 이런 식의 대화였다. 아이의 기분을 읽어주고 아이에게 의사를 묻는 것이었다. 거기다가 엄마의 현재 기분도 말하는 것이었다. 나는 아이에게 묻기보다는 이렇게 해야 한다, 저렇게 해야 한다, 이런 말을 많이 했었다. 엄마의 기분을 아이에게 말한다는 건 생각지도 못했다. 나는 너무 궁금하였다. 그랬더니 부모 코칭 프로그램이라는 교육을 받았다는 것이다. 나는 "부모 코칭 교육? 어디서 배우냐?"라고 물어보았다. 평생교육원에서 교육을 받았다는 것이다. 나는 당장 어떻게 하면 배울 수 있냐고 물어보고 등록을 하였다. 아이에게 도움을 주는 부모가 되고 싶었기 때문에 바로 부모 코칭 자격증을 이수하게 되었다. 나도 그때부터 '그랬구나!'라고 말하는 엄마가 되기 시작하였다. 둘째는 아직 어려서인지 '그랬구나!'가 비교적 잘 되었다.

고등학교에 들어가게 된 아들은 SKY는 아니더라도 서울에 있는 대학에 가면 좋겠다는 생각이 들었다. 그때 나는 부모 코칭 공부를 한 엄마지만 이론과 현실은 다르다고 스스로 합리화하였다. 영어·수학 학원은 가야 한다고 설득해서 보내게 되었다. 스스로 필요해서 간 학원이 아니었고, 공부에 재능이 없다고 판단해버린 아들이 열심히 하지 않는 건 당연한 일이었다. 학원을 다녔을 때나, 다니지 않았을 때나 성적이 별로 차이가 없었다. 약 3달을 다닌 결과 나는 결단을 내렸다. "정 가기 싫으면 안 가도 된다!"고 말하였다.

고2 때는 영상 편집에 관심을 가져 학원을 보내 달라고 해서 보내주었다. 아들은 대학은 안가도 된다고 말하였다. 실습 위주로 하는 것인데, 학교를 졸업해도 또 다시 학원을 다니든지 공부를 해야 한다고 하는 것이다. 나는 아이의 말에 공감이 되었다. 남들이 다 가기 때문에 대학을 가는 것이 아니라, 꼭 필요한 사람이 가야 한다는 생각이 들었기 때문이다. 하지만 아빠는 대학도 사회생활이니 경험해보는 것이 좋지 않겠느냐고 설득하였다. 아이와 의견을 절충하여 일단 가보고 필요 없다고 판단하면 안 다녀도 된다고 말하였다. 그래서 본인이 관심 있는 학과로 가기로 하였다. 마침 오늘 입학하는 날(2020년 3월 2일 월요일)인데 코로나 19 때문에 연기되어 기다리고 있다.

둘째 딸아이는 오빠처럼 공부에 질리지 않게 자연생활 어린이집으로 보냈다. 거의 자연주의 활동이 대부분인 그런 곳이다. 입학 전 부랴부랴 한글과 숫자 공부를 시켰다. 그런데 초등학교 입학을 하니 공부를 따라가기 힘들어했다. 나는 큰아이 때 실수한 것을 만회해보고자 했기에, 나름대로 공부하며 잘 키우고 있다고 생각을 했다. 막상 현실은 왜 이리 어려운지 무엇이 문제인지 더 헷갈리기만 했다. 공부를 언제 어디서 얼마나 시키든, 자연주의로 키우든 방법이 달라졌다고 해결되는 것이 아니다. 아이가 자기 자신을 사랑하게 만드는 것, 즉 자존감을 키워주는 것이 가장 중요한 것이었다. 어쩌면 아들에게 공부법 캠프가 아니라, 자존감 높이기 캠프를 보냈더라면 어떻게 달라졌을까 하는 생각이 든다.

아이들뿐만 아니라 모든 사람은 자존감이 있으면 자신을 사랑하게 된다. 악플에 시달리는 연예인들이 자살하는 불행한 일도 생기지 않을 것이다. 왜냐하면 자존감이 높으면 남의 눈치를 보지 않게 되며, 악플 같은 타인의 평가는 중요해지지 않을 것이기 때문이다!

02

자존감 높은 아이는
매사에 적극적이다

지금 가지고 있는 것으로
현재의 위치에서 최선을 다하라.

− 시어도어 루스벨트 −

자신감과 자존감은 큰 차이가 있다. 사람들은 대부분 같은 것이라고 생각하지만 다르다.

자신감은 할 수 있다는 생각과 믿음이지만, 자존감은 내가 무언가를 실패하더라도 나를 사랑하는 마음이다. 자존감이 부족한 사람은 자신감도 부족하게 되고, 실패를 했을 때 멘탈이 쉽게 무너진다.

초등학교 5학년인 딸아이는 친구들을 종종 집에 데리고 온다. 나는 딸아이 친구들에게 비교적 편하게 대하려고 노력한다. 친구들도 나와 스스럼없이 말한다. 그러다 보니 자연스럽게 아이들의 기질을 보게 된다. 아이들이 오면 집은 난장판이 된다. 여자아이들은 만들며 노는 것을 좋아하기 때문이다. 종이접기를 할 때 보면 대부분의 아이들은 조금 하다가 어려우면 금방 흥미가 떨어진다. 미완성이어도 미련 없이 종이를 던져버린다. 하지만 매사에 적극적인 아이는 실패하더라도 다시 끈기 있게 도전하여 완성해내고야 만다.

아이들 놀이에도 유행이 있다. 얼마 전에는 뜨개질이 유행이었다. 아이들은 주로 목도리를 뜨는데 가장 기본인 앞뜨기로만 뜬다. 나도 딸아이 덕분에 같이 했다. 나는 앞뜨기와 겉뜨기를 섞어서 뜨고 있었는데, 마침 우리 집에 놀러온 딸아이 친구가 가르쳐 달라고 하였다. 좀 어려울 텐데도 거듭 연습하더니 끝까지 한 줄을 다 떠보고는 뿌듯한 표정을 지었다. 나는 그 친구가 포기하지 않고 끝까지 해낼 것이라고 짐작했다. 왜냐하면, 평소에 그 아이가 포기하는 것을 거의 보지 못했기 때문이다.

나는 학창 시절 자신감이 없었다. 선생님이 발표를 시키면 멘붕이 왔다. 당황하여 아무 말도 못 하고 그냥 서 있다가 앉은 경우도 많았다. 나는 자괴감이 들면서 '역시 난 안 돼!'라고 나를 평가했고, 잘할 수 있는 것도 열심히 하지 않고 대충대충 하는 경우가 많았다. 그래서 난 특별히 잘하는 것도 없다고 생각했다. 자신감 있게 발표를 하는 친구들을 보면 마냥 부럽기만 했다.

결혼을 하고 아이를 어떻게 잘 키워야 할지 고민이었다. 자존감이 낮았던 나는 남편과의 결혼 생활도 삐그덕 거리며 쉽지 않았다. 그래서 나는 '마음 공부' 하는 곳을 찾게 되었다. 그곳에서 '파워 댄스' 공연도 하게 되었다. 자신의 한계를 극복하자는 의미의 도전이었다. 처음에 영상을 보자마자 "아이고, 저걸 내가 어떻게 할 수 있어요? 못 해요!"라고 말하며 고개를 절레절레 흔들었다. 나는 막춤은 춰봤지만 가수가 추는 춤을 똑같이 따라 춰본 적도 없었고, 그 춤은 그야말로 격렬하고 또 빠르기까지 하였다. 도저히 불가능한 일로만 여겨졌다. 모두가 아줌마들이고 몸치여서 '파워 댄스'는 무리라고 생각하는 것 같았다. 다른 춤으로 바꿔야 한다는 말들이 여기저기서 나왔다. 하지만 자신의 한계를 넘어서는 미션이기에 도전하기로 하였다.

어차피 하게 된 이상 나는 결심하였다. '나 때문에 공연을 망치면 안 된다!'는 생각으로 동영상을 틀어놓고 분석하기 시작했다. 밤에는 거실 베란다 창문 유리에 내 모습이 비춰서 대형 거울이 되었다. 하나하나 손동작, 발동작, 손끝과 시선 처리, 전체적인 느낌 등 계속해서 무한 반복하였다. 남편이 '어디 대회라도 나가냐?'고 물어볼 정도로 열심히 하였다. 공연을 본 사람들이 나에게 정말 잘했다고 칭찬하였다. 하지만 이런 말도 듣게 되었다. 나 혼자만 너무 튀었다며 좋지 않게 본 사람도 있었다. 얼마 후 공교롭게도 나에게 비난을 했던 사람이 같은 춤으로 공연을 해야 할 상황이 되었다. 그 사람이 영상을 보고 난 후 정확히 제대로 춤을 췄던 사람은 나밖에 없었다고 말하였다. 항상 잘하는 타인을 보면서 부러워만 했던 나였는데, 그런 찬사를 들으니 감회가 남달랐다. '나도 노력하면 할 수 있구나!', '나도 빛이 나는 사람이 될 수 있구나!'라고 생각하게 되었다. 적극적인 노력 속에서 나의 잠재력을 발견하는 계기가 되었다.

개그우먼 박나래를 보면 작은 거인이라는 생각이 든다. TV를 보면 여자들도 남자 못지않게 키가 큰 사람이 많다. 그 속에서 요즘 대세인 박나래는 정말 대단한 것 같다. 모든 프로에서 독보적인 존재감으로 종횡무진 활약하여 2019년도에는 〈MBC 연예대상〉에서 '대상'까지 수상하게 되었다.

만약에 자신의 작은 키(148센티미터)에만 집중하고 비관하였다면 과연 어떻게 되었을까? 그렇다면 우리는 박나래라는 재능 있는 개그우먼을 알지도 못했을 것이다. 그녀는 매사에 적극적이고 열정적인 사람이다. 아마도 자존감이 높기 때문일 것이다. 그렇기에 자신의 잠재력을 무한히 발휘하여 작은 키를 오히려 개성으로 승화시킬 수 있었던 것이 아니었을까 하는 생각이 든다.

자존감은 결혼 생활에도 지대한 영향을 끼친다. 자신을 표현하는 적극적인 말과 행동이 굉장히 중요하다. 문제가 있다면 대화로 해결해야 한다. 기분 나쁜 채로 두면 안 된다. 그것이 쌓이면 부부 관계는 점점 나빠져 간다. 내가 첫아이를 낳고 살이 빠지지 않아 내심 고민을 하고 있을 때였다. 남편과 쇼핑을 했는데 내가 마네킹에 걸려 있는 옷을 만지작거리고 있었다. 그걸 본 남편이 한마디 하였다.

"그 옷은 깡~ 말라야 한데이!"

그 말을 듣는 순간, 짜증이 팍 났다. 우리는 항상 말을 하면서 산다. 같은 말이어도 '아' 다르고 '어' 다르다. 남편은 무용을 전공한 사람이었다. 왠지 무용수와 나를 비교하는 것만 같았다. 그래서 더 자존심이 상했다. 안 그래도 출산 후 살이 쪄서 스트레스였는데 그 말이 머릿속에 계속 맴돌면서 기분이 나빴다. 지금 같은 마인드라면 기분만 나빠하지 않고 좋은 방법을 생각했을 것이다. 살을 빼서 그 옷을 사 입고 남편에게 보여주었을 것 같기도 하다.

그때 내가 적극적으로 나의 기분을 말로 표현할 줄 아는 사람이었더라도 서로 대화를 하였을 것이다. 하지만 난 냉랭한 얼굴로만 나의 기분을 표현할 뿐이었다. 그렇게 사소한 것에 부딪치는 경우가 많아졌다. 점점 남편에 대한 불만이 차곡차곡 쌓여만 갔다. 서로가 말하는 방법을 잘 모르니 오해하기 일쑤였다. 그리고 어느 순간 폭발하여 남편에게 속사포를 내뱉고 있었다. 대화가 아닌 나의 일방적인 한풀이 시간이 시작되면 몇 시간이고 이어졌다.

이것은 결혼해서 겪는 부부만의 문제일까? 결코 아닐 것이다! 어릴 때부터 자신의 감정을 표현하는 방법을 몰랐던 것이다. 부모와 아이는 교감하고 소통을 하여야 한다. 하지만 우리들 부모님은 전쟁을 겪은 세대이고, 내 자식은 밥 안 굶기겠다는 것이 최고 우선순위였을 것이다.

부모님 세대에서 아이들의 감정까지 케어해주길 기대한다는 건 지나친 욕심일 것이고, 대부분의 어른들은 권위적이었다. 어른 말씀에 다른 의견을 말하면 말대꾸한다고 혼나기 일쑤고 나쁜 아이라고 하였다. 그런 분위기에서 자란 우리들이, 표현하는 방법이 서툰 건 어쩌면 당연한 일인지도 모른다.

매사에 적극적인 아이로 키우고 싶다면 자존감을 높여주어야 한다. 자존감의 영향은 어린아이들뿐만 아니라 이렇게 어른이 되어도 평생 따라다니는 것이다. 아이를 평소에 잘 살펴보아야 한다. 어렵다고 생각하여 시도조차 하지 않는지 말이다. 그렇다면 그 아이는 마음속에 실패에 대한 두려움이 있어 도전하지 못하고 있는 것이다. 스스로 자신의 한계를 정하고 '나는 할 수 없어!'라고 생각하고 있을지 모른다.

　그럴 때 아이를 응원하고 격려해준다면 자존감이 높아질 것이다. 하나를 보면 열을 안다는 속담이 괜히 있는 것이 아니다. 한 가지를 대하는 자세는 모든 것에 통하는 것이다. 지금 시대는 우리가 자라던 때와는 또 다르다. 적어도 소통하는 부모가 되어야 한다! 우리 아이들이 적극적이고 현명하게 살아갈 수 있도록 도와주는 역할을 해야 하기 때문이다!

03

자존감은 아이의
내면의 거인을 깨운다

우리가 무슨 생각을 하느냐가
우리가 어떤 사람이 되는지를 결정한다.

- 오프라 윈프리 -

스티브 잡스는 2005년 스탠퍼드대학교 졸업식에서 이런 연설을 했다.

"노동은 인생의 대부분을 차지합니다. 그런 거대한 시간 속에 진정한 기쁨을 누릴 수 있는 방법은 스스로가 위대한 일을 한다고 자부하는 것입니다. 자신의 일을 위대하다고 자부할 수 있을 때는 사랑하는 일을 하고 있는 그 순간뿐입니다. 지금도 찾지 못했거나, 잘 모르겠다고 해도 주저앉지 말고 포기하지 마세요. 전심을 다하면 반드시 찾을 수 있습니다. 그것들을 찾아낼 때까지 포기하지 마세요! 현실에 주저앉지 마세요!"

당시 스티브 잡스는 췌장암 진단을 받은 지 1년 정도 되었었다고 한다.

그는 매일 아침 '오늘이 내 인생의 마지막 날이라면, 지금 하려고 하는 일을 할 것인가?'라고 자신에게 묻는다고 했다. 나는 매일 어떻게 살아가고 있는 것인가? 자문하게 된다. 스티브 잡스의 연설문에서 느끼는 바가 크다. 노동은 인생의 대부분을 차지한다고 했다. 그렇다면 결국은 우리 아이들이 공부하는 이유가 직업을 선택하기 위해서 하는 것이 된다. 맞는 말이다.

우리가 공부하는 것은 미래에 잘 살고 행복하기 위해서이다. 그러면 아이들에게 무엇이 가장 중요할까? 본인이 어떤 일을 하고 살아갈 것인지를 진지하게 생각하게 하여야 한다. 내면의 거인을 깨워주어야 한다. 그것은 잠재된 자신의 능력, 무한한 가능성을 찾는 것이다. 자신의 능력을 발휘할 수 있도록 도와주어야 한다.

정말로 이것은 중요하다. 아이들은 자신이 경험한 것, 보아온 세계가 전부이다. 어떻게 하면 내면의 거인을 깨울 수 있을까? 그것은 바로 아이의 자존감을 높이는 것이다. 왜냐하면 어릴 때부터 자존감이 낮은 사람은 아무것도 할 수 없다는 패배의식 때문에 더 이상 자신의 가능성을 믿지 않는다. 그러면 아무것도 하지 않는 무기력한 아이가 된다. 어릴 때 자신감을 잃은 아이는 좀처럼 자존감이 올라가지 않는다. 공부보다도 아이의 자존감 살리는 것이 가장 먼저다.

구글의 채용 담당 임원 맷 워비는 구글 직원을 뽑는 기준은 크게 4가지라고 전한다.

첫째, 문제를 해결할 수 있는 보편적인 인지 능력
둘째, 특별한 리더십
셋째, 민첩성, 소통 능력, 협력 태도, 업무에 대한 신념
넷째, 업무 수행 능력

'왜 우리 아이의 자존감이 중요한가?' 모두 자존감이 높아야 갖출 수 있는 요건들이다. 이렇듯 취업도 자존감이 전부라고 해도 과언이 아니다. 우리나라 기업들도 '도덕과 인성'을 가장 중요시하고, 마지막이 '직무에 대한 이해와 관련 기초 지식'이다. 점점 시대는 바뀌어간다. 예전처럼 공부만 잘해서는 결코 성공할 수 없다. 하지만 공부는 꼭 해야 한다. 억지로가 아니라 아이가 스스로 필요에 의해서 할 수 있도록 말이다.

자존감 높은 아이가 되면 자신이 하고 싶은 것이 뚜렷해진다. 그러면 꿈이 생기고 목표가 생기게 마련이다. 대학을 가지 않더라도 자신이 무엇을 잘하고, 원하는지를 알기 위해서는 공부를 충실히 하여야 한다, 더불어 간접 경험인 책도 읽어야 한다. 게다가 여러 가지 경험도 필요하다. 책은 많이 읽는 것도 중요하지만, 왜 내가 공부를 해야 하는지 동기 부여

가 되는 책을 읽게 하는 것이 중요하다. 관심 있는 분야의 성공자는 어떻게 성공하게 되었는지 알아보아야 한다. 화려한 겉모습만 보고 자신의 꿈이라고 착각할 수도 있다. 좀 더 심도 있게 실무까지 알아보는 것이 아이가 장래에 직업을 선택할 때 시행착오를 줄이고 시간도 단축시킬 수 있을 것이다.

정우열 정신과 의사가 '이효리가 자존감이 높은 이유'를 분석하였다. 방송에서 보이는 이효리의 모습을 보면 자존감이 높은 사람이라고 인식하고, 원래 처음부터 당당하고 자신의 의견도 뚜렷해 자존감이 높은 사람이라고 이야기한다. 하지만 20대에는 그렇지 못했다고 한다. 한 방송 프로그램에서 이효리가 "화려했던 20대였지만 내면으로는 외로웠고, 자기 스스로 마음의 문을 닫았었는데 이때 노력했으면 좋았을 것을……." 이라는 자책 멘트를 하자 옆에 있던 이상순은 이렇게 이야기한다. "그땐 또 그런 이유가 있었겠지!" 이 멘트는 이상순이 100% 이효리의 편이 되어주는 멘트라고 정신과 의사는 정의한다.

아마 이상순의 말 한마디 한마디들이 이효리가 자존감을 극복하는 변화의 계기가 되었을 것이라고 분석한다. 남이 아닌 내 입장에서 나를 수용하도록 내 편이 되어주는 것이다. 이것을 보더라도 이효리라면 모든 것을 다 가지고 있는 슈퍼스타지만, 만약 이상순과 결혼하지 않았더라면 지금처럼 행복했을까 싶다. 돈이 많고 인기가 많아도 자존감이 낮다면 아무리 행복한 조건이어도 행복함을 느끼지 못할 것이다.

이렇듯 우리 아이가 자존감이 낮다 해도, 엄마가 적극적으로 온전히 자기의 편이라고 느끼게 해준다면 서서히 자존감이 높아지는 아이가 될 것이다. 만약에 엄마가 자존감이 낮다면 엄마부터 자존감을 높여야 한다. 엄마의 자존감이 그대로 아이의 자존감으로 연결되기 때문이다. 아무도 그렇게 해주는 사람이 없다면 적어도 나 자신만큼은 자신의 편이 되면 된다. 자신을 그대로 존중해주고 인정하고 자기 생각을 어떻게 표현하든 감정을 갖고 그대로 수용하고 경험하기. 이것이 반복되었을 때 자신도 모르게 자존감이 높아진다고 이야기한다. 아이의 자존감은 믿음으로 자라게 된다.

『북유럽 스타일 스칸디 육아법』에서는 이렇게 말한다.

"스스로 좋아하는 일을 선택해서 할 때 아이의 인생은 행복하다. 적성에 맞아 흥미롭기 때문이다. 일본인 엄마들은 진학이 아니라 정말 진로에 맞추어 아이의 인생을 길게 본다. 공부에 초점을 맞추지 않고 아이 적성에 초점을 맞춘다. 이것은 아이와 밀착되어서가 아니라 아이를 하나의 인격체로 생각하기에 가능한 일이다. 적성에 맞는 일을 하는 사람은 평생 일이 놀이처럼 행복하다.”

아직도 우리나라는 아이의 의사보다는 부모의 욕심이 앞서는 경우가 많다. 내 아이의 적성을 생각하기보다 성적을 우선으로 한다. 심지어 아이의 학원을 더 보내기 위해 엄마가 아르바이트까지 하여 학원을 보낸다. 이때 우리는 잘 알아야 한다. 아이가 원하는 것인지 나의 욕심인지를 말이다. 부모의 지나친 교육열로 인해 우리나라의 사교육률은 세계 최고지만 행복 지수는 하위권이다. 참 슬픈 현실이다. 아이를 위한다고 하는 것이 제대로 우리 아이를 위하는 것인지 잘 판단해야 한다. 내 아이의 성적보다 내 아이의 마음을 이해하고 공감하려고 노력하는 것이 더 시급하다. 그래야 아이의 잠재력도 쑥쑥 자랄 것이고 행복한 미래를 스스로 설계하는 멋진 아이가 되는 것이기 때문이다.

나는 2019년 연말에 지인이 〈김도사TV〉 유튜브 영상을 나에게 보내주었다. 클릭을 하였는데 부자가 될 수 있는 방법을 알려주었다. 의식 변화를 통해 부자의 마인드를 가지면 누구나 부자가 될 수 있다고 하였다. 나도 부자가 되고 싶은 마음이 있어 알아보니 〈한책협〉이라는 카페였다. 2020년 1월 5일 가입하여 책 쓰기 특강에 가려면 책을 읽어야 한다고 해서 추천 도서를 읽어보았다.

『100억 부자의 생각의 비밀』이라는 김도사 작가의 책에서 "성공해서 책을 쓰는 것이 아니라 책을 써야 성공한다!"고 하였다. 아무리 부자가 될 수 있다고 하였지만 나에게 책 쓰기란 내 인생에서 생각지도 못한 일이었다. 하지만 〈한책협〉의 책 쓰기 특강을 듣고 나도 작가라는 꿈을 꾸게 된 것이다. 내 속에 잠자는 거인을 깨우게 되었다. 나의 인생은 책 쓰기 전과 후로 나눌 수 있을 정도로 달라졌다. 책 쓰기를 하면서 또 다른 꿈을 향해 가고 있다. 1인 창업을 하는 것이다. 가슴이 뛰는 일을 찾았고, 찬란한 미래를 생각하며 행복감을 느낀다.

내 아이들에게도 잠자고 있는 내면의 거인을 깨워야 한다. 좀 더 빨리 찾게 되면 더 빨리 행복해진다. 내 아이뿐만 아니라 어른이 된 자신의 내면도 들여다보자. 지금 하고 있는 일에 만족하는지, 평생 현역으로 살 수 있고 미래가 불안하지 않은지 잘 알아봐야 한다. 그리고 가슴이 뛰는 일을 하고 행복한가. 지금 코로나로 사회가 어지러운 이때 나는 든든하다. 내 미래를 위해 준비하고 있기 때문이다. 당신도 미래를 준비해야 한다!

"우물쭈물하다 내 이럴 줄 알았다!"

조지 버나드 쇼의 묘비명이 시사하는 바가 크다.

04

아이의 잠재력의
물꼬를 티워준다

천재는 노력하기 때문에 어떤 분야에서 뛰어난 것이 아니다.
뛰어나기 때문에 그 분야에서 노력한다.

- 윌리엄 해즐릿 -

딸아이는 『SBS 영재 발굴단』 프로그램을 즐겨봤다. 어느 날 딸아이와
아빠가 함께 보고 있을 때의 일이다,

"저 애들 봐라! 얼마나 열심히 노력하는지. 뭐든지 최고가 되려면 저렇
게 남들보다 몇 배 로 노력해야 하는 거야!"
"그래도 나는 저렇게까지는 못 할 것 같은데, 아빠!"
"이렇게 매일 놀아서 저렇게 되겠냐? 하루에 10시간은 해야지!"
"에이! 아빠하고 같이 TV 보기 싫어!"

그 후 딸아이는 아빠만 오면 채널을 다른 곳으로 돌려버린다. 마치 다

른 아이와 비교당하는 것 같아서 싫었던 모양이다. 아빠는 아이를 기죽이려고 하는 말이 아니었을 것이다. 영재 발굴단 아이들처럼 꿈을 갖고 열심히 하라고 하는 말이었다. 아이는 부모가 자신을 한심하게 보는 눈빛만으로도 큰 상처를 받는다. 아이를 위한다고 하는 말이 오히려 자존감 낮은 아이로 만들 수 있다.

나에게 1대 1 코칭을 받은 사람의 고민은 이랬다. 아이가 아주 사소한 것부터, 하나에서 열까지 모든 것을 엄마에게 물어본다는 것이다. 거기다가 큰아이는 사사건건 작은아이에게 시비를 걸고 싸운다고 하였다. 둘이 싸울 때면 난감하다고 했다. 그런 아이를 보면 엄마가 자꾸 화가 난다고 했다. 그리고 혹여나 학교에 가서 적응을 잘 할지도 걱정이라고 하였다. 큰아이는 이런 식으로 말한다고 한다.

"엄마, 이거 지금 먹어도 돼?"
"엄마, 지금 화장실 가도 돼?"

아이 둘이 연년생이라고 했다. 엄마는 잘 해준다고 생각했는데 도대체 뭐가 문제인지 모르겠다고 했다. 대화를 해보니 매번 작은아이 위주로 말한 것이었다. '양보해라!', '형이잖아!' 계속 이런 식으로 했다는 것이다. 큰아이도 아직 어린데 충분한 사랑을 받지 못한 것이었다. 엄마한테 관심을 받기 위해 계속 물어보는 것이다. 이렇게 연년생을 키우는 것이 쉽지는 않다. 하지만 충분한 사랑을 느낄 수 있도록 해주어야 한다.

큰아이는 자신의 존재감이 없다는 생각이 들어 의존적인 아이가 된 것이다. 엄마의 사랑을 확인하고 싶어서이다. 이럴 땐 큰아이와 엄마가 따로 시간을 내야 한다. 그 시간만큼은 아이에게 오롯이 집중하여 충만감을 느낄 수 있도록 해주어야 한다. 나의 코칭을 받고 엄마는 아이들 각자에게 집중하는 시간을 가지는 미션을 수행하였다. 그러자 아이들은 놀라울 정도로 바뀌었다고 했다. 아이 둘 모두 엄마의 사랑을 받고 있다고 느껴서인지 싸우는 경우도 현저히 줄었다고 한다. 특히 큰아이는 예전에 작은아이와 엄마의 관계에서 시기 질투하느라 엄마의 관심을 받기 위한 행동만을 했다. 하지만 이제는 그런 시간 낭비를 하지 않고 자신의 공부나 관심 있는 분야에 집중하는 아이로 바뀌었다고 한다. 자존감이 높아지면 사랑을 확인하려고 하지도 않는다. 그리고 자기 자신에게 집중하게 된다. 그러면서 자신의 잠재력을 찾게 되고 도전하는 아이, 행복한 아이로 자란다.

이런 상담도 하였다. 아이는 새로운 것에 대한 두려움이 너무 많다고 하였다. 그래서 어떤 것도 도전을 하지 않는다고 고민하였다. 아이는 매일 이런 말을 한다고 했다.

"나는 못 할 것 같아!"

"나는 한 번도 해본적이 없으니 당연히 못 해!"

"나는 끈기도 없고 잘하는 것도 없어!"

아이는 실패에 대한 두려움과 자기 자신을 믿지 못해서이다. 부모는 아주 작은 것에도 성취감을 느낄 수 있도록 도와주어야 한다. 가장 중요한 것은 부모가 내 아이를 믿어주어야 한다는 것이다. 아마도 아이는 평소에 부모가 하는 말에서 자신을 평가하고 있을 것이다. 지나가는 한마디, 한숨을 쉬는 모습, 무시하는 듯한 말투 등 말이다. 완벽한 사람은 없다. 하지만 아이의 모습을 보고 '왜 저러지?' 하면 안 된다. 나를 돌아보아야 한다. 아이의 모습은 그대로 거울처럼 보여주는 것이기 때문이다.

토머스 에디슨은 많은 명언을 남겼다. 그중 "나는 평생 동안 하루도 일을 하지 않았다. 그것은 모두 재미있는 놀이였다."라는 말을 했다. 이처럼 천재적 발명왕인 에디슨은 일을 놀이처럼 했다고 한다. 수많은 업적을 남긴 에디슨이 도전을 두려워했다면 아무 일도 일어나지 않았을 것이다. 에디슨의 뒤에는 아들에 대한 믿음과 확신을 잃지 않은 어머니가 있었다. 학교에서 어눌했지만 호기심과 탐구심이 왕성했던 에디슨은 아주 사소한 것들을 계속 질문했다고 한다. 고지식하고 엄격한 선생님은 답을 알려주기보다는 '너는 저능아!'라고 말을 하기도 했다. 에디슨 어머니는 차라리 자신이 가르치는 게 낫겠다고 생각했다. 그래서 에디슨은 고작 3개월밖에 정규 교육을 받지 못했다. 어머니는 자식의 단점이든 장점이든 모두 다 인정하고 보듬어주어야 한다고 생각했다. "너는 무엇이든 할 수 있단다!"라며 용기를 북돋워주었다.

후에 에디슨은 "어린 시절 보통 아이들과 많이 달랐던 나를 진정으로 이해해주는 사람은 어머니뿐이었다. 현명하고 자애로운 어머니가 내게 얼마나 큰 힘이 되었는지 모른다. 학교 선생님이 내게 저능아라고 했을 때 어머니는 최선을 다해 나를 변호하고 믿어주셨다. 나는 그런 어머니의 기대를 저버리지 않기 위해 반드시 훌륭한 사람이 되겠다고 마음을 먹었다."라고 말했다. 어머니의 사랑이 에디슨의 성공의 원동력이었다.

또 한 사람, 48년간 헬렌 켈러의 곁을 지킨 설리번 선생님이 있다. 보지도, 듣지도, 말하지도 못하는 3중고를 겪는 헬렌 켈러에게 "시작하고 실패하는 것을 계속하라! 실패할 때마다 무엇인가 성취할 것이다. 네가 원하는 것을 성취하지 못할지라도 무엇인가 가치 있는 것을 얻게 된다. 시작하고 실패하는 것을 계속하라. 절대로 포기하지 말라! 모든 가능성을 다 시도해보았다고 생각하지 말고 언제나 다시 시작하는 용기를 가져야 한다."라고 말했다고 한다. 설리번 선생님은 엄마의 사망, 아빠의 알코올 중독, 동생의 사망 이런 일로 충격을 받아 미쳤고 실명까지 했다.

모두 포기했을 때 간호사인 로라가 설리번을 지극 정성으로 돌보았고 그 덕분에 아픔을 극복하고 새로운 인생을 살게 되었다. 본인도 로라의 사랑을 돌려주기로 결심하였다. 헬렌 켈러를 아무도 못 가르친다고 하였다. 하지만 설리번의 사랑과 확신으로 헬렌 켈러는 기적의 주인공이 되었다.

위인들도 결코 혼자 된 것이 아니다. 불가능도 가능하게 한 것은 무엇이었을까? 그리고 현재 그 아이의 상태나 상황으로 결정하지 않았다. 어떤 경우라도 잠재력을 믿었다. 그리고 사랑과 확신이 있었다. 평범하지 않은 아이조차 비범한 아이로 만드는 것은 오롯이 사랑의 눈으로 이해하고 한결같이 할 수 있다는 용기를 주었다는 것이다.

내가 아이에게 힘을 주는 말을 하고 있는지 잘 살펴보아야 한다. 아이에게 가장 중요한 것은 '나는 할 수 있다.'라고 느낄 수 있도록 따뜻한 엄마의 눈빛, 믿어주는 마음, 온전히 자신의 편이 되어주는 것이다. 자존감이 모든 것을 결정한다 해도 과언이 아니다. 자존감을 높게 만드는 역할은 옆에서 돌봐주는 사람의 몫이다. 당신은 아이에게 용기와 희망을 주고 있는가? 내 아이의 잠재력의 물꼬를 틔워주자!

미국의 프랭클린 루즈벨트 대통령

미국의 프랭클린 루즈벨트 대통령은 다섯 형제 중에서 유독 병약하고 조금은 덜 총명한 아이였다. 어려서 소아마비를 앓아 다리를 절게 되고, 시력도 나쁘고 천식도 앓았다. 형제들 속에서 주눅이 들어 있는 아들이 아버지는 늘 마음에 걸렸다. 어느 날 아버지는 다섯 그루의 나무를 사왔다. 한 그루씩 아이들에게 나누어 주었다. 1년 동안 가장 잘 키운 나무의 주인에게 원하는 대로 해주겠다는 약속을 하였다. 그 후 1년이 지나 아버지는 자식들과 함께 나무가 자라고 있는 곳으로 갔다. 유독 한 그루의 나무가 다른 나무에 비해 잎도 무성하고 키도 크게 자라 있었다. 바로 아버지가 늘 마음에 걸려서 신경이 쓰였던 아들의 나무였다. 아버지는 약속대로 아들에게 원하는 것을 말하라고 했다. 하지만 루즈벨트는 특별한 것을 요구조차 하지 못하였다. 아버지는 큰 소리로 칭찬하였다. 나무를 이렇게 잘 키운 것을 보아하니 분명히 훌륭한 식물학자가 될 거라고, 모든 지원을 아끼지 않겠다고, 다른 형제들 앞에서 말을 하였다. 아버지와 형제들의 지지와 성원을 한 몸에 받은 아들은 식물학자가 되겠다는 꿈을 상상하며 잠을 이루지 못하였다. 가슴 설레어 잠에 들지 못하고, 새벽에 무럭무럭 자라준 나무가 고마워서 나무에게 갔다. 아직 해가 뜨지 않아

안개가 가득 쌓인 숲에서 움직이는 모습이 어슴푸레하게 보였다. 곧이어 아버지의 모습이 아들의 눈에 들어왔다. 아들의 나무에 물을 주는 아버지의 모습을 보았다. 아버지는 병약한 아들에게 힘들 실어주고 싶었던 것이다. 세심하게 아들의 기를 살려주고 지지해준 훌륭한 아버지였다.

아버지 제임스 루즈벨트는 부장판사라는 신분과 엄청난 재력을 가지고 있었지만, 재산을 늘리는 것보다 아들과 함께 하는 시간을 늘 우선시하였다. 루즈벨트가 열한 살이 되던 해에 아버지는 "아들아! 네가 가진 장애는 장애가 아니란다. 네가 만약 하나님을 참으로 믿고 신뢰한다면, 그리고 예수 그리스도께서 네 안에 살아 계신다면, 오히려 너의 장애 때문에 모든 사람이 너를 주목할 것이고 너는 진실로 역사에 신화 같은 기적을 남기는 놀라운 삶을 살게 될 것이야!"라고 말해주었다.

루즈벨트에게는 아들을 믿어주고 용기를 주는 아버지가 있었다. 아버지의 말대로 그는 미국 역사상 가장 힘들었던 시절에 미국을 재건하는 대통령이 되었다. 막강한 리더십으로 대통령 4선이라는 놀라운 기록의 주인공이 되었다. 그는 1906년에 노벨 평화상까지 수상하였다. 이와 같이 훌륭한 업적을 남긴 위인 곁에는 훌륭한 부모가 존재한다!

05

행복 지수가 높은
아이로 자란다

우리가 사랑으로 할 수 있는 일은
위대한 일이 아니라 사소한 일이다.

- 테레사 수녀 -

"너는 어쩜, 그렇게 예쁘게 생겼니!"

"크면 남자들이 줄줄 따라 다니겠다!"

대부분 어릴 때는 흔히 듣는 말일 것이다. 나도 어릴 때부터 꽤나 들었던 말이다. 고등학교 졸업 후 재수를 하게 된 나는 신경성인지 갑자기 여드름이 목을 덮었다. 마침 옆에 있는 친구가 여드름 연고를 얼굴에 바르는 것을 보았다. 성분이나 내 얼굴에 맞는지도 알아보지도 않고 같은 연고를 샀다. 나는 얼굴에도 여드름이 몇 개 나 있었다. 여드름 난 곳만 살짝 발랐어야 하는데 무슨 생각인지 나는 로션처럼 얼굴에 다 발라버렸다. 몇 번 바르지도 않았는데 내 얼굴은 색소침착이 되어 얼굴이 빨개졌고 회복이 되지 않았다. 그 얼굴로 20대 내내 우울하게 보내야 했다. 그 연고는 나와는 맞지 않았다. 알고 보니 내 피부는 특별히 더 민감했던 거였다. 어이없게도 그 연고를 발랐던 친구까지 원망이 되었다. 연고도 내가 선택해서 산 것이고 신중하지 못하게 발랐으면서도 화풀이 대상이 필요했는지도 모른다.

그 후 그동안 '예쁘다!'는 말만 들었던 내게, 만나는 사람마다 '피부가 왜 그러냐?'라는 말하기 시작했다. 그 말이 곧 인사였다. 보는 사람마다 어떻게 똑같이 그렇게 물어보는지 내 얼굴이 그렇게 '혐오스럽나?'라는 생각이 들었다. 그때 당시 나는 자살하는 사람이 이해가 되기까지 하였다. 심지어 자살한 저자의 책을 읽으면 공감이 되었다.

매일 거울을 보며 한숨을 쉬었다. 나는 얼굴 피부가 나빠지고 모든 것에 의욕을 잃었다. 여자는 예뻐야 하는 줄 알았던 나는 세상이 무너지는 듯한 상실감이 들었다. 일상생활에도 성격이 어두워졌고 부정적이 되었다. 나도 모르게 인상이 써지고 사람들이 나를 쳐다보는 것 자체가 싫었다. 거기다 나의 자존심이 바닥으로 떨어지는 결정적인 사건이 있었다. 마음에 내키지는 않았지만 소개팅을 나갔을 때의 일이다.

"피부가 왜 그래요?"

나는 너무 충격을 받았다. 너무 솔직한 것인지 그렇게 대놓고 물어보리라고는 생각지도 못했다. 마음에 들지 않으면 안 만나면 되는 것이지 굳이 물어보는 것이다. 생각해보면 그 사람은 그냥 궁금해서 물었을 수도 있다. 하지만 그 한마디는 잊히지 않는 치명적인 말이 되었다. 나의 콤플렉스는 더 심해졌고 성격은 날이 갈수록 예민해졌다. 나는 이전에는 비교적 잘 웃고 명랑한 편이었다.

생각해보면 근본적인 문제는 단지 얼굴 때문만이 아니었다. 내가 나를 바라보는 시선과 관점이 문제였던 것이다. 남들이 나를 어떻게 평가하느냐에 따라서 나의 자존감이 흔들렸던 것이다. 거기다 어렸을 때부터 남들로부터 받던 칭찬이 오히려 나에게는 독이 되었다.

나의 노력이나 성취에 대한 칭찬이 아니라, 단지 부모님이 물려주신 외모에 대한 칭찬이었기 때문이다. 그래서 피부가 나빠졌을 때 모든 것이 무너지는 듯한 느낌이 들었던 것이다. 나에게 하는 모든 말은 그대로 상처가 되었다. 나는 대인 기피증이 생겨 사람 만나는 게 싫었다. 그런데 재수할 때 친해진 친구를 보면서 이상하게 생각한 점이 있었다. 왜냐하면 나와는 다르게 자신의 얼굴에 난 여드름까지 사랑스럽다는 표현을 하는 것이다. 나는 그때 '어떻게 그렇게 생각할 수 있지?'라고 의아해했다. 친구와 나의 차이는 한가지였다. 바로 자존감의 차이였던 것이다.

자존감이 높으면 어떤 상황일지라도 있는 그대로의 자신을 인정해주기 때문이다. 그 친구는 매사에 긍정적이고 낙천적이었다. 항상 행복을 스스로 만들어가는 멋진 친구였다. 그 친구였다면 사람들의 말에 기분은 좋지 않았겠지만 좀 더 건설적인 방향으로 극복했을 것이다.

"엄마, 오늘은 나 90점 맞았다!"

"잘했네, 100점 맞은 애도 있니?"

"어, 3명. 그런데 엄마는 꼭 100점 맞은 애 물어보더라!"

"아니 그냥 궁금해서……."

"그래도 나는 저번보다 5점이나 올라서 90점 맞아서 기분 좋아! 나는 시험 치면 거의 90점은 맞아. 나도 공부 잘해. 나는 내 점수에 만족해!"

이웃집에 놀러갔을 때 엄마와 딸아이의 대화였다. 나는 모녀의 대화에 흐뭇해서 웃었다. 다른 아이와 비교해서 우울해하는 것이 아니라 자신을 뿌듯해하는 모습이 보기 좋았다. 자존감이 낮으면 아무리 자신이 잘해도 자신에게 칭찬을 하지 않는다. 자신에 대한 자부심도 갖지 못한다. 남들의 평가가 더 중요하기 때문이다. 똑같은 상황에서도 긍정적인 선택을 하는 것은 삶을 풍요롭게 하는 것이다.

아들이 중2 때의 일이었다. 북한에서도 중2가 무서워서 못 쳐들어온다는 말도 있지 않은가. 아이들이 사춘기를 겪어 집안 분위기가 살벌하다는 소리도 상담을 통해 많이 듣는다. 그날따라 아이 아빠가 아들에게 별것도 아닌데 야단을 쳤다. 아빠가 자리를 비우고 없자 아들 눈치를 보며 나는 이렇게 말했다.

"기분 나쁘지? 아빠가 갑자가 왜 저러는지 모르겠네!"
"엄마는 그것도 몰라? 아빠는 요즘 갱년기여서 그런 거야. 엄마가 아빠한테 잘해줘!"

나는 민감할지도 모르는 중2 아들 편에서 일부러 그렇게 말하였다. 그런데 오히려 아빠를 이해하는 말을 하는 것이다. 그때 아이의 긍정적인 모습에서 '저 아이는 참 행복하겠다!'라는 마음이 들었다. 생각해보면 아들은 어릴 때부터 주위에서 일어나는 일에 화내거나 별로 부딪치지 않았다.

초등학교 6년 내내 아이는 친구들과 원만하고 급우들에게 인기가 많고 마음이 너그럽다고 생활통지표에 선생님들의 평가가 거의 비슷했다. 사춘기가 되어 까칠해졌을 거라고 생각했는데 아니었다. 아들은 여전히 모든 일에 '그럴 수도 있겠지!' 하며 좋은 방향으로 해석한다. 쓸데없는 감정 낭비를 하지 않는다.

가수 이적의 엄마이자 『믿는 만큼 자라는 아이들』의 저자 여성학자 박혜란은 이렇게 말했다.

"이 세상의 모든 아이들은 특수하게도 부모보다 아름답고 튼튼한 존재로 태어난다. 그리고 부모가 어설프게 끼어들지만 않으면, 싱싱하게 커갈 수 있으며, 믿는 만큼 자라므로, 아이들을 키우려고 하지 말고, 아이들이 커가는 모습을 바라볼 것을 권한다. 그리고 그래야지만 아이도 행복하고 부모도 행복하다."

자존감이 낮았던 20대의 나를 생각해보면 행복하지 않았다. 그때는 막연히 언젠가는 행복해 지겠지 하는 생각을 하고 살았다. 그 언젠가는 찾아오는 것이 아니다. 가장 중요한 것은 자신에 대한 생각이 바뀌어야 한다. 일상의 하루하루가 모여서 인생이 된다. 아이가 행복해지길 바라는 것은 부모라면 모두 같은 마음일 것이다. 그러나 부모가 아이의 행복을 대신할 수는 없다. 하지만 자존감 높은 아이로 키우면 스스로 행복을 만들어가는 아이가 될 것이다. 부모는 아이에게 자기를 존중하는 마음을 길러주어야 한다. 그런 환경을 만들어주자.

"행복해서 웃는 게 아니라 웃어서 행복하다!"는 말도 있다. 긍정적인 아이가 행복 지수가 높다는 사실을 기억하라!

06

독립적인 아이로
성장한다

생각하는 것을 가르쳐야 하는 것이지,
생각한 것을 가르쳐서는 안 된다.

- 코르넬리우스 -

"오늘 숙제는 다했니?"

"아니요."

"아니, 숙제도 안 하고 뭐 했니?"

"학원 다녀온 지 30분밖에 안 되었어요."

현관을 들어서기 무섭게 엄마의 숙제 체크가 시작되었다. 서연이는 집
에 있는 시간이 즐겁지가 않다고 한다. 엄마는 아이의 기분은 아랑곳하
지 않는다. 서연이 엄마는 약사다. 하루 종일 환자를 돌보고 집에 오면
또 다른 일이 남아 있다. 저녁을 해야 하고 아이의 숙제를 봐줘야 한다.
엄마한테 자유시간은 거의 없다. 그래서인지 아이에게도 다정하게 물어

보거나 할 여력이 남아 있지 않다. 마치 빨리 끝내야 하는 업무처럼 의무적으로 물어본다.

얼마 후 의사인 아빠도 퇴근을 하였다. 서연이를 보고는 '학원 다녀왔냐?'부터 물어본다. 하루 종일 학교, 학원에서 공부를 하고 왔는데 부모님들조차 공부가 최고 관심사다. 서연이는 부모님과 할 말이 없다고 하였다. 중학생 서연이는 나와 진로 상담을 한 아이였다. 부모님이 모두 의료 계통에 종사하니 자연스럽게 아이에게도 장래에 의사가 되라고 말한다. 하지만 서연이는 유튜버가 되고 싶어 한다. 부모님께 말하면 혼날 것이 뻔하기 때문에 아무 말도 하지 못하고 있다. 자존감이 높은 아이라면, 부모님이 설사 원하는 직업이 있어도 본인도 당당하게 자신의 생각을 말했을 것이다.

자존감이 높으면 독립적인 아이가 된다. 남들에 의해서 자신의 신념이 흔들리지 않는다. 자존감은 초등학교 때 길러주어야 한다. 부모부터 자존감을 공부해야 하는 이유다. 아이의 마음의 소리를 들어야 하는데 본인들이 아이의 장래 직업까지 정해주면 어떻게 되겠는가!

서연이는 고등학교 때는 학교도 제대로 다니지 않고 무단결석을 하는 아이가 되어버렸다. 마음의 병이 생긴 것이다. 부모님은 서연이가 무사히 졸업만이라도 했으면 하는 마음뿐이다. 서연이의 경우에도 아이가 공부를 잘하니 부모님은 의사라는 직업을 선택하리라 의심하지 않고 공부를 잘하도록 뒷받침해주었을 것이다. 하지만 아이가 스스로 선택하는 것이 중요하다. 아이의 마음속에 꿈꾸는 직업이 무엇인지 먼저 대화를 나누어야 한다. 부모는 자신이 만족하면 아이도 만족한다고 착각하는 경우가 많다. 부모의 만족보다 아이의 행복을 먼저 생각해야 한다.

JTBC에서 방영한 〈SKY캐슬〉 드라마를 통해서도 무엇이 문제였는지 잘 알 수 있다. 부모의 지나친 기대와 독단으로 아이를 키우면 안 된다. 요즘 부모들은 아이들을 잘 키우기 위한 모든 준비는 되어 있다. 지나치게 앞서서 부모가 주도하면 아이는 질리게 된다. 부모는 아이의 속마음을 들여다보는 것을 놓치고 만다.

특히나 전문적인 직업을 가지고 있는 부모들은 자신의 아이들이 당연히 부모의 직업을 선호하고 되고 싶어 한다고 착각한다. 어릴 때는 부모의 말에 따른다. 하지만 중·고등학생이 되면 아이의 사고가 넓어지고 본인이 하고 싶은 일이 생긴다. 부모의 의견을 무조건 따르게 한다면 갈등이 생기지 않을 수가 없을 것이다. 아이가 독립적으로 사고할 수 있도록 하여야 한다. 부모의 틀을 강요하면 안 된다. 설령 아이가 잘못 판단한다는 생각이 들어도 아이가 스스로 결정할 수 있도록 기다려주어야 한다. 아이가 무엇을 느끼고 어떤 감정을 가지고 있는지에 초점을 맞추면 행복한 아이로 키울 수 있다. 나는 어떤 부모인지 항상 자신을 돌아보아야 한다.

내 아이가 어떤 직업에서 성공한 모습을 이미지화하는 것도 필요하다. 부모의 욕심으로 밀어붙이면 아이는 자신의 인생이 되지 않는다. 부모의 꼭두각시 같다는 생각이 들면 거부 반응이 생긴다. 그러면 그때부터 아이와 갈등은 깊어지고 어긋나기 시작한다. 부모에 대한 불만을 자신의 망가진 모습으로 복수하려는 마음이 생기기도 한다. 아무런 의욕도 없고 스스로를 방치하게 된다. 자신을 사랑하지 않는 아이가 된다. 부모의 강요는 아이가 아무런 사고를 하지 않는 아이로 자라게 한다. 학교를 졸업하면 사회의 일원이 되어야 한다. 아이 스스로 자신의 삶의 방향을 선택하고 책임지는 사람으로 키워야 한다. 주도적인 아이가 되어야 진취적으로 도전하는 사람이 되고 성공자가 된다.

4차 산업혁명 시대에 접어든 시점에도 불구하고 당연히 대학은 가야 한다는 사고방식이 아직도 바뀌지 않고 있다. 이제는 사회적인 분위기에 맞추어서 대학을 나와야 한다는 강박관념을 가지지 않아야 한다고 생각한다. 대학은 꼭 필요한 사람이 가는 곳이 되어야 한다. 빌 게이츠, 스티븐 잡스, 서태지, 아이유 등, 이들의 공통점은 무엇인가? 대학을 가지 않았거나 중퇴를 했다는 것이다. 대학을 갔더라도 본인이 필요하지 않다고 생각이 들면 그만두는 것은 자연스러운 일이 되어야 한다. 또한 대학은 자신이 관심 있는 분야에서 더 깊이 있는 공부가 필요해서 가는 곳이어야 한다!

아이의 독립성을 저해하는 엄마의 태도를 알아보자.

* 아이의 모든 것을 엄마가 알아야 한다고 생각한다.
* 아이의 문제를 엄마가 해결해준다.
* 아이의 말대꾸를 참지 못한다.
* 모든 것을 일방적으로 엄마가 결정한다.
* 말 잘 듣는 아이가 되길 바란다.
* 무조건 좋은 것을 주면 된다고 생각한다.

나는 열린 마음으로 아이를 사랑하는가? 아이 스스로 할 수 있도록 돕는 엄마인가? 물론 완벽한 엄마도 완벽한 아이도 없다. 하지만 아이에게 너무 기대치가 높으면 아이도 엄마도 행복하지 않다. 좋은 직업을 가져야 한다든지 성공해야 한다는 것을 강조하기보다 아이가 가치 있는 삶에 대한 생각을 할 수 있도록 키워야 한다. 사회에 선한 영향력을 주는 사람이 되도록 말이다.

정치가들 중에 서울대학교를 나온 사람들이 많다. 국민을 위해 일하겠다고 공약을 한다. 막상 당선이 되면 본인의 사리사욕을 위해 최선을 다하는 모습만을 보일 뿐이다. 정치를 하는 사람이라면 적어도 사회에 공헌하는 삶을 살아야 하지 않을까 생각이 든다. 독립적인 것과 독단적인 것은 엄연한 차이가 있다. 더불어 사는 세상을 가르쳐야 한다. 나 혼자만 아는 이기적인 아이로 키우면 사회는 발전하지 못한다. 공부를 하는 이유도 나 혼자 잘 먹고 잘 살기 위해 하는 것이 아니라는 것도 알게 해주어야 한다.

나의 생각은 〈한책협〉을 만나고 더욱 확실해졌다. 〈한책협〉 대표 김도사는 스펙이 행복과 성공의 필요조건이 아니라고 한다. 스펙이 없어도 얼마든지 사회에 선한 영향력을 주는 사람이 될 수 있다고 말이다. 대표는 수많은 평범한 사람들을 작가의 꿈을 꾸게 했고, 작가가 되도록 도와주었다.

더불어 1인 창업을 하게 하여 많은 사람들을 절망에서 희망을 가지고 성공하는 삶을 살아가도록 코치하고 있다. 부인인 권마담 역시 여상을 나와 베스트셀러 작가가 되었고, 동기 부여가이자 출판사 대표가 되었다. 많은 사람들에게 동기 부여를 해주며 용기와 희망을 주고 있다. 그리고 자산이 120억이 넘는다. 멋진 성공자의 모습을 보이고 있는 것이다.

그들은 의미 있는 삶과 물질적인 만족 모두를 누리는 메신저이며 나의 롤 모델이기도 하다. 많은 사람들에게 꿈과 희망을 전해주는 선한 영향력을 주는 분들이다. 이분들은 다른 사람이 걷지 않은 길을 걸었다. 반드시 될 수 있다는 확신을 갖고 성공하게 된 것이다. 이러한 성공자가 되기 위해서는 어릴 때부터 아이에게 자존감을 키워주워야 한다. 그래야 독립적인 아이로 성장하게 된다. 모두가 스펙을 쌓아야 한다고 생각할 때 자신이 하고 싶은 일을 소신껏 당당히 도전하는 아이로 키워야 한다고 생각한다!

07

자신을 사랑하는
아이로 자란다

자기 자신을 신뢰하는 자는
군중을 지도하고 지배한다.

– F. 호리타우스 –

"오늘은 불고기 햄버거를 먹었어!"

"오늘은 치킨 햄버거를 먹었다 ~~~~!"

"우와! 매일 오빠는 좋겠다! 나, 나중에 성형수술 할래."

"왜?"

"수술해서 오빠 학교 들어가서 햄버거 사먹을래!"

"하하하하하! 어느 학교든 햄버거는 다 팔아!"

"그래? 그럼 나 수술 안 할래!"

고등학교에 들어간 아들이 매일 햄버거를 사먹었다. 중학교 때까지는
매점이 없었는데 고등학교에는 매점이 있었던 것이다. 그러자 초2 여동

생은 부러워서 수술해서라도 남학교에 들어가겠다고 했던 이야기다. 나는 옆에서 들으면서 한참을 웃었던 기억이 난다. 고등학교에서 야간 자율학습을 10시까지 했는데도 그것에 대한 불만보다는 별것 아닌 것에 즐거워하고 행복해하는 모습이 보기 좋았다. 자신의 처지나 환경에 의해서 나의 행복이 결정되는 것이 아니다. 항상 자신을 사랑할 줄 아는 사람은 자존감이 높은 사람이다. 작은 것으로도 행복을 느낄 줄 아는 사람은 행복할 것이다. 이 작은 것 하나하나가 나의 인생의 퍼즐이 멋지게 맞춰져 가는 것이다,

　나는 하숙을 하는 집 딸이었다. 초1 때부터 하숙을 하신 엄마는 늘 바쁘셨다. 그리고 내가 6학년이 되었을 때 엄마는 암에 걸리셨다. 그때만 해도 암 수술을 하고 5년 살기가 쉽지 않다고 하였다. 나는 내색은 하지 않았지만 항상 마음속으로 걱정이 되어 밤마다 기도를 하였다. '우리 엄마 살려주세요!'라고 말이다. 중·고등학교 때도 엄마는 계속 약을 드시고 회복 단계이셔서 몸이 너무 힘드시면 아침에 못 일어나는 경우가 종종 있었다. 그럴 때면 직업 군인이셨던 아버지는 어김없이 나를 깨우셨다. 그럼 나는 마치 저승사자가 나를 부르러 오는 듯한 기분이 들었다. 엄마가 아픈 건 걱정되면서도 막상 내가 엄마 대신 밥을 해야 할 때면 건강하지 못한 엄마가 원망도 되었다. 좀 더 철이 들었더라면 살아계시는 자체에 감사했을 텐데, 나는 밥하는 게 그렇게 싫었다.

거기다가 학교 도시락도 싸가야 했다. 내가 싸간 도시락을 꺼내면서, 다른 아이들은 엄마가 싸주셔서 좋겠다는 생각을 하곤 했다. 내가 자존감이 높았다면 오히려 아이들에게 이 도시락은 내가 싸왔다면서 자랑스럽게 말하며 자랑을 했을 것이다. 그랬다면 나는 행복했을 것이다. 하지만 그 당시 나는 자신을 사랑하지 못하는 아이였다.

"오늘 기분이 어때?"

아이의 기분을 물어보는 것은 아이의 존재에 대한 가치를 느끼게 해주는 말이다. 자신이 중요한 사람이라는 생각을 한다. 아이와 대면했을 때 아이에 공부에만 집중하여 질문을 하는 것보다 아이의 감정을 묻는 질문을 해주자. 아이의 자존감은 초등학교 때 형성되기 시작한다. 초등학교 때 아이의 자존감을 높여주는 것이 중요하다. 왜냐하면 초등학교 때 자존감의 토대가 중·고등학교까지도 쭉 이어진다. 그리고 아이를 믿어주는 것은 대단히 중요하다.

김미경 강사도 자신이 스타 강사가 될 수 있었던 것은 자신을 믿어주는 사람이 있어서였다고 한다. 음대를 나온 사람이 음악하고 상관없는 강의하는 것을 '직업으로 해도 될까?'라고 직업 자체를 바꾸는 것에 대한 고민을 할 때 아버지에게 물어봤다고 한다.

"아빠, 나 강의하면 어떨까?"

"미경아! 아버지 말 잘 들어 봐. 너는 어릴 때부터 진짜 말을 잘했다. 미주알고주알 몇 시간씩 했다. 넌 잘할 수 있을 거야!"

김미경 강사는 해보지 않은 강사의 길을 걸을 결심을 했다. 결정적인 아버지의 응원과 믿음이 있었기에 용기를 냈다고 한다. 이처럼 어른이 되어도 부모의 한마디에 또 다른 도전을 하게 하는 힘을 주는 것이다. 잠재력을 발견하게 된다. 우리 부모가 해야 할 일은 아이에게 잘할 수 있다고 믿어 주어야 한다. 그러면 아이가 자신감을 갖고 '할 수 있다!'는 용기가 생긴다. 더불어 본인이 사랑받고 있다고 생각할 것이며 본인을 사랑하는 아이도 될 것이다.

마야 안젤루는 오바마 대통령, 오프라 윈프리의 멘토로도 유명하다. 그녀는 미국에서 가장 영향력이 있는 한 명으로 시인, 작가, 가수, 배우, 인권운동가 등 '열 명의 삶을 살고 갔다'고 평가받고 있다. 그녀의 삶은 결코 순탄하지 않았다. 하지만 이토록 세계인의 삶에 큰 영향을 미칠 수 있었던 비결은 그녀의 어머니가 있었다.

16살 나이에 임신한 사실을 알게 되었을 때도 잘못을 지적하기보다 딸이 행복해질 수 있는 방향을 제시해주었다. 딸의 입장에서 생각해주는 엄마였다. 더군다나 스트립 댄서를 하겠다는 딸에게 오히려 "내가 옷을 만들어줄 테니 넌 안무를 짜라!"고 하면서 성공할 수 있는 조언도 아끼지 않았다고 한다.

과연 나는 그렇게 할 수 있었을까? 엄마의 역할에 중요성을 더욱 느끼지 않을 수 없다. 자녀가 어떤 일을 결정했을 때 오롯이 그 결정에 응원해주고 용기를 줄 수 있을까? 질책보다는 미래에 대한 조언과 그 일을 성공할 수 있도록 격려를 해주고 그 일에 집중할 수 있게 해주었던 것이다. 그리고 마야 안젤루의 저서 『엄마, 나 그리고 엄마』에서 엄마는 딸에게 이렇게 말한다.

"많이 웃었으면 좋겠구나! 먼저 자기 자신을 향해서, 그 다음에는 서로를 향해서 말이다."

"옳은 일을 해라! 남한테 휘둘려서 네 생각을 바꾸면 안 된다. 그리고 기억하렴. 넌 언제든 집으로 돌아올 수 있다는 걸."

"비관적인 생각들이 내 머릿속을 점령하려 들 때면 항상 내일이 있음을 기억한다. 오늘 나는 축복받은 사람이다!"

이처럼 엄마의 한마디 한마디는 엄청난 힘이 있는 것이다. 어머니의 위대한 사랑은 그대로 자녀에게 전달된다. 먼저 자신을 사랑하는 아이로, 그리고 나아가 다른 사람까지도 사랑하는 사람으로 말이다. 더불어 위대한 업적을 남기게 하는 몫도 역시나 엄마의 말에서 시작된다. 인생에 한 명의 진정한 자신의 편이 있다는 건 큰 행운일 것이다. 이 글을 읽고 있는 당신 역시 어릴 때 엄마에게 어떤 말을 듣고 싶었는가?

"너라면 할 수 있어!"

"실수해도 괜찮아!"

"다시 시작하면 돼!"

"많이 속상했구나!"

"천천히 생각해보렴!"

이런 말을 나는 듣고 싶었다. 이제는 내 아이들에게 하는 엄마가 되어야 한다. 아이의 자존감은 그냥 생기지 않는다. 엄마의 말 한마디 한마디에 아이의 자존감이 건강하게 무럭무럭 자라기 때문이다. 아이와 가장 많은 시간을 보내고, 아이와 가장 밀접한 관계는 엄마이다. 엄마의 역할은 매우 크다. 그리고 자존심과 자존감은 다르다. 자존심은 '남'과 결부되어 있는 것이고, 자존감은 남과 상관없는 스스로 만족할 수 있는 것을 말한다. 이렇듯 자존감이 높은 아이는 자신을 사랑하는 아이로 자라게 된다. 내 아이의 자존감을 키워주자!

08

실패를 두려워하지 않는 아이가 된다

맹인으로 태어난 것보다 더 불행한 것이 뭐냐고 사람들은 나에게 묻는다.
그때마다 나는 "시련은 있되 비전은 없는 것"이라고 답한다.

- 헬렌 켈러 -

오바마 대통령은 어릴 때부터 미국 대통령이 되는 것이 꿈이라고 말하였다고 한다. 흑인이 대통령이 될 수 있다고 생각하는 자체가 주위 친구들로부터 비난과 웃음거리가 되었다. 하지만 오바마는 하버드대학교 로스쿨 역사상 첫 흑인 학생회장, 하버드대학교 로스쿨 역사상 흑인 최초 하버드 법률 학술지 편집장, 흑인 최초 미국 대통령이 되었다.

세계적인 발레리나가 된 강수진은 하루에 19시간, 지독한 연습을 하였다. 끊임없는 자신과의 싸움을 했을 것이다. 토슈즈를 하루에도 몇 개씩 갈아 신어야 할 만큼 혹독하게 자신을 채찍질하였다고 한다. 한국무용을 배우던 강수진은 엄마가 선생님으로부터 발레하면 좋은 체형이라는 말을 듣고 "학교에서 발레로 전향할 사람을 물어보면 제일 먼저 손들어."라고 하여 엄마 말대로 하게 되었다고 한다. 장르가 완전 다른 한국무용에서 발레를 한다고 결심한 것은 쉽지 않은 선택이었을 것이다.

유재석은 8년의 무명 시절을 거쳤고, 방송인이라면 치명적인 카메라 울렁증 때문에 성공할 수 있는 가능성은 희박했다. 하지만 그럴수록 틀리지 않기 위해 100번이나 연습을 하고 방송을 하였다고 한다. 그런 노력에 노력을 거듭하여 지금은 명실 공히 국민 MC로 자리매김하고 있다.

이들의 공통점은 꿈을 정하고, 포기하지 않고 끝까지 도전한 것이다. 더불어 자신에 대한 믿음과 끝없는 노력을 한 것이다. 자존감이 높은 사람들의 특징이다. 자존감이 높으면 흔들리지 않는 확고함이 생긴다. 성공한 사람들이라고 좌절과 고난이 없었을 리가 없다. 그들은 위기를 오히려 기회의 발판으로 삼아 시간을 낭비하지 않았다. 비관만 하지 않고 미래의 성공을 위해 집중하였을 것이다. 평범한 사람들 대부분은 실패를 하는 경우 이런 생각을 하게 된다.

"내가 왜 실패를 했을까?"
"내가 만약 그때 이랬더라면 어땠을까?"
"그때 그렇게 하지 말았어야 했는데!"

이런 생각들로 실패한 사실만 곱씹고 또 곱씹으면서 괴로워한다. 마치 인생이 끝이라도 난 것처럼 절망에 빠져 허우적거린다. 나 역시 실패한 경험이 많다. 비관하며 무언가를 다시 도전하는 데는 긴 시간이 필요했다. 그렇게 한다고 지나간 실패를 되돌릴 수는 없다. 지나간 시간을 되돌릴 수도 없다. 나 역시 책을 쓰는 일에 내가 과연 예전 같았으면 도전을 했을까 하고 반문해본다. 책을 쓴다는 꿈이 생기지 않았다면 방황은 끝이 나지 않을 것이다. 그만큼 꿈이라는 것은 강력한 힘을 발휘한다.

〈한책협〉 대표 김도사는 책을 쓰는 것도 코칭해주지만, 더욱더 강조하는 것은 의식 전환에 있다고 한다. 의식이 바뀌어야 행동도 바뀐다. 책도 아무 책이나 백 권을 읽는 것보다 한 권을 읽어도 의식이 바뀌는 책을 읽어야 한다고 한다. 정말 탁월한 식견이다. 나도 김도사의 추천도서를 읽고 나의 의식이 바뀌어가고 있다. 특히나 부에 대한 생각 자체가 달라졌다. 정말 지면을 통해 '내 인생에 은인으로서 의식을 변하게 해주심에 감사하다!'라고 말씀드리고 싶다. 평생 만날까 말까 한 행운이 나에게도 온 것이다. 꿈이 생기게 해주었다. 꿈이 생기는 순간부터 나는 정말 행복해졌기 때문이다.

그동안 아이들, 남편이 쓰는 돈은 당연하고, 나에게 투자하는 돈은 아까워서 적게 드는 자기 계발도 몇 번이나 생각하고 포기하는 경우가 허

다했다. 하지만 의식이 바뀌고 나서는 미래에 대한 투자를 과감히 한다. 의식이 확장되면서 나의 자존감도 계속 높아지고 있다.

아이의 자존감을 높이려면 엄마의 긍정적인 반응이 중요하다. 특히나 실패를 했을 때 엄마의 반응은 아이에게 예민하게 다가온다.

"어이구, 그럴 줄 알았다!"
"엄마가 뭐랬어? 그러니까 매일 연습하라고 했어? 안 했어?"
"넌 누구를 닮아서 그러냐!"

이런 말을 들으면 힘이 날까? 같은 상황에서 엄마가 어떻게 말하느냐에 따라 아이의 자존감을 살릴 수도 있고 죽일 수도 있다.

"괜찮아, 잘할 수 있을 거야!"
"잘하고 싶은 마음 엄마도 알아. 조금만 더 노력해보자!"
"엄마도 두려움이 있어. 잘하려고 하면 더 실수를 하기도 해!"

아이가 실패했다고 좌절하는 모습을 보면 오히려 엄마가 더 속상해하는 경우가 많다. 되도록 빨리 아이가 실패에서 벗어나게 해주려고 대충 건성으로 달래듯이 말한다. 이럴 때일수록 더욱 진정성 있게 아이 입장에서 성의껏 말해주어야 한다. 정말 진심으로 말해주고 조언해주면 아이는 엄마의 말에 힘을 얻고 다시 도전할 수 있다. 그리고 문제 해결력도 키우고 더욱 성장할 수 있는 계기가 된다.

아이가 '내가 실패하면 엄마가 나를 미워하지 않을까?'라는 걱정을 하게 하면 안 된다. 그렇다면 아이는 계속 실패를 반복하는 아이가 될 것이다. '내가 실패해도 엄마는 나를 여전히 사랑할거야.' 이런 마음이 들게 해주어야 한다. 마음은 보이지가 않지만, 아이에게 그대로 통하게 되어 있다. 아이의 자존감을 키우려면 엄마가 긍정적으로 자신을 바라볼 것이라고 생각할 수 있게 하는 것이 중요하다.

"걱정한다고 걱정이 없어지면 걱정이 없겠네!"라는 티베트 속담이 있다. 정말 걱정한다고 걱정이 없어지면 얼마나 좋겠는가? 특히 내가 낳은 내 아이들을 보면, 왜 잘하는 것은 보이지 않고 못하는 것만 보이는 걸까? 많은 엄마들은 공감이 될 것이다.

남의 아이를 보면 장점부터 보인다. 내 아이와 비교를 하기 때문이다. 내 아이가 못하는 것을 남의 아이가 잘하면 내 아이를 질책하게 된다. 내 아이에게는 욕심이 앞서고, 남보다 잘 커줬으면 하는 기대 심리가 있어 남의 아이 보듯이 못하기 때문일 것이다.

예전에 몇 명의 엄마들이 모여 엄마표 수업을 하였다. 엄마들이 돌아가며 주제를 정해서 그것을 아이들에게 가르치는 선생님이 되는 것이다. 그때 내 아이를 정확하게 볼 수 있는 상황이 되었다. 내 아이가 남들보다 못하면 왠지 기분이 안 좋고, 남들보다 조금 잘하면 기분이 좋아지는 나를 보았다. 그래서 자기 자식은 직접 가르치는 게 쉬운 일이 아니라고 하는 것 같다. 보통 선생님들 자녀는 자신이 가르치지 않고 서로 바꿔서 가르친다고 한다. 그만큼 객관적으로 내 아이를 바라보는 것이 쉽지 않은 것이기도 하다. 그때 아이들의 성향을 보고 자존감이 높은 아이와 낮은 아이가 확실히 차이가 났다. 같은 상황에서 아이들의 반응은 천차만별이었다. 한 아이는 조금만 어려워도 힘들다고 하고, 자기 뜻대로 되지 않으면 울기까지 하였다. 그런가 하면 한 아이는 망가져서 다시 해야 하는 상황에도 끝까지 묵묵히 자신에게 집중하여 멋지게 작품을 만들어냈다. 가만히 들여다보면 아이의 성향이 엄마들과 닮아 있었다.

아이들은 태어날 때는 백지 상태이다. 모두 어떻게 키우느냐에 따라 달라진다. 그리고 엄마의 역할의 중요성을 다시 한 번 더 느꼈다. 모든 부모는 자신의 아이를 사랑한다. 잘 키우려고 노력할 것이다. 아이를 훈육하는 데 있어 엄마가 공부를 하여야 한다. 모든 엄마들도 엄마는 처음이기 때문이다. 무엇보다 엄마가 아이에게 하는 말은 아이에게 그대로 흡수된다. 마치 스펀지처럼 말이다.

그리고 민감한 아이, 대범한 아이, 적극적인 아이, 소심한 아이 등 아이마다 엄마의 반응은 달라야 한다. 아이의 자존감을 높이기 위해서는 내 아이에게 집중해주어야 한다. 자녀가 세 명, 네 명인 엄마들은 말한다. 아이마다 모두 너무나 다르다고 한다. 그렇기 때문에 아이의 특성에 따라 아이를 다르게 대해야 한다. 엄마의 지지 속에 자라는 아이는 실패를 두려워하지 않는다. 자신감을 가지고 자신의 능력을 발휘하는 아이로 자라게 된다. 그러면 꿈을 향해 달리는 아이가 될 것이다!

조선 후기 최고의 성군, 정조

조선시대 정조 임금은 아버지인 사도세자가 뒤주 속에서 폐쇄 공포증으로 비참하게 신음하며 죽어가는 모습을 고스란히 지켜보게 된다. 예민하고 모든 것을 기억할 수 있는 11세 때의 일이다. 할아버지가 아버지를 죽이는 모습을 지켜만 보아야 했다.

이랬던 정조가 어떻게 성군이 될 수 있었을까? 바로 어머니 혜경궁 홍씨가 곁에 있었기 때문에 가능하였다. 어머니는 아들이 이해할 수 있도록 소통 교육을 하였다. 할아버지와 아버지를 이해해야 한다고 끊임없는 대화를 하였다. 주위의 신하들은 불행한 정조가 임금이 되면 반드시 연산군과 같은 폭군이 될 것이라며 반대하였다.

이런 열등감을 극복해낼 수 있었던 것은 어머니와의 소통으로 이겨 나갈 수 있었다. 정조는 어머니의 사랑으로 폭군이 아닌 성군이 될 수 있었던 것이다. 사랑을 받아본 사람이 다른 사람을 사랑할 수도 있다. 정조는 백성들의 억울함을 그냥 지나치지 않았다. 소통의 달인인 정조는 백성의 마음을 어루만져주고 호소를 들어주었다. 백성들과 가까이 하며 낮은 자세로 경청을 하였다. 집권 중 해결한 민원이 3,500회 이상이었다고 한다.

이렇듯 불행한 어린 시절이 있었다고 할지라도 한 사람, 어머니의 사랑과 소통의 대화로 사랑이 풍부한 어진 성군이 될 수 있었던 것이다. 어머니의 사랑은 이처럼 막대한 영향력이 있는 것이다!

2 장

자존감 높은 아이 뒤에는
자존감 높은 엄마가 있다

01

엄마가 행복해야
아이도 행복하다

행복은 이뤄내는 기쁨에 있고,
창조적인 노력을 하는 황홀감에 있다.

- 프랭클린 루즈벨트 -

"야! 거실이 이게 뭐야? 왜 이리 엉망진창이냐고!"

"슬라임 좀 작작해! 옷은 이게 뭐야. 내가 못 살아 증말!"

머피의 법칙이라고 했던가. 은행에 갔다 기분 나쁜 일이 생겨 화가 많이 난 상태로 주차장에 갔는데, 어라! 내 차 양 옆 차량들이 차에 탈 수도 없게 붙어 있는 것이 아닌가. 정말로 욕이 절로 나왔다. 낑낑거리며 보조석으로 들어가서 겨우 차에 타게 되었다. 그렇게 열이 받아 있는 상태로 집에 들어와서 어질러진 거실을 보게 된 것이다. 나도 모르게 소리부터 질러버리게 되었다. 놀던 아이들은 어리둥절해하며 나의 눈치를 보며 치우기 시작했다. 딸아이는 그날도 다른 날과 다르지 않게 친구랑 놀고 있었다. 평소와 다른 엄마의 반응에 많이 놀란 눈치다. 친구도 덩달아 주눅이 들었다. 순식간에 집안 공기는 살벌해졌다.

아이들한테 "밖에 나가서 놀아!"라고 또 소리를 질렀다. 아이와 친구는 얼렁뚱땅 인사하고 나갔다. 화가 가라앉지 않아 씩씩거리며 한참을 앉아 있었다. 마음이 안정되고 보니 이제야 아이한테 화풀이한 사실이 생각나서 후회가 되었다. 하지만 이미 엎질러진 물이었다. 그리고 아이가 집으로 돌아왔다. 나의 눈치를 살피는 아이가 되어 있었다. 나는 아이를 안아주면서 미안했다고 말했다.

"엄마가 소리 질러서 미안했어!"
"아까 엄마 정말 무서웠어. 내 친구도 엄마가 다른 사람처럼 보였대!"
"그러게 말이다. 아까 엄마가 화가 많이 나 있었거든. 그래도 너희한테 화풀이 하는 건 아니었는데 엄마가 너무 한 거 같다. 그치!"
"알겠어. 엄마!"
"이해해줘서 고마워!"

나는 어렸을 적에 아버지가 집에서 소리 지르는 모습을 많이 보고 자라왔다. 그러면 집안 분위기는 금방 긴장감이 감돌았다. 그래서 커서는 집에 있는 경우가 없고, 대부분 친구랑 어울리다 보니 귀가 시간이 늦곤

하였다. 사실 집에서 밥 먹을 때조차도 매번 살벌한 분위기가 싫어서였다. 하지만 부모님은 항상 늦게 다닌다고 걱정하셨다. 아버지는 엄마한테 "다 큰 딸이 돌아다니는데 엄마가 뭐 하고 있냐?", "애 하나 단속 못하냐?"고 잔소리를 하셨다. 엄마가 중재 역할 하시느라 많이 힘드셨을 것이다.

지금 자식을 키우는 입장이고 보니 부모님께 죄송하다. 하지만 그때는 차마 그런 말을 하지 못했다. 이렇게 결혼이라는 것을 하면 부모님과 같이 있는 날이 길지도 않은데 그때 살가운 딸이 못 되어서 후회스럽다. 아무리 늦게 들어가도 아버지는 한 번도 나에게는 야단치신 적이 없었다. 항상 '밥은 먹고 다니느냐?'며 따뜻하게 묻곤 하셨다. 딸 사랑은 아버지라는 것을 딸을 낳고 보니 더욱 알게 되었다, 남편도 딸 바보이기 때문이다. 엄마는 늘 이렇게 말씀하셨다. "외모고 뭐고 다 필요 없다. 성격 좋은 사람이 최고다!"라고 말이다. 사실 엄마가 아버지 외모 보고 첫눈에 반하셨다. 하지만 살아보니 성격이 제일 중요하다고 늘 강조하셨다.

엄마 소원대로 남편은 20년 동안 성품이 온화하고 감정의 변화가 없는 한결같은 사람이다. 엄마는 내가 두 아이를 낳았을 때마다 바라지를 해주시러 우리 집에 한 달가량 계셨다. 그때 우리 집의 평화로운 분위기에 놀라셨다고 말씀하시곤 했다. 아버지는 팔순이 넘으셨는데도 여전하시기 때문이다. 나는 소리 지르는 아버지를 보고 아직도 기력이 좋으시고 건강하셔서 그렇다고 엄마를 위로한다. 나는 이렇게 긍정적으로 말하지만, 함께 사시는 엄마는 여전히 힘들어하신다. 그런데 나는 나도 모르게 아버지처럼 아이한테 가끔씩 소리 지를 때가 있었지만 나의 문제를 알기에 개선을 하기 위해 노력하였다. 다행히 부모 역할 공부를 하면서 나의 말과 행동을 빨리 알아차리게 되었던 것이다. 지금도 가끔 실수는 하지만 아이에게 재빨리 사과도 하고 엄마의 상태에 대해 말해준다. 그러면서 더욱 나를 사랑하고 스스로 보살피는 사람이 되었다.

우리는 자녀 교육에 대해 책을 통해서라든지 방송에서도 많은 정보를 얻는다. 하지만 많이 알아도 막상 상황이 닥치면 자기도 모르는 사이에 습관대로 하게 된다. 그래서 나는 부모가 되기 전에 필수 코스로 부모 역할에 대한 공부를 우선적으로 하는 것이 필요하다고 생각이 든다. 왜냐하면 완벽한 부모는 없지만 공부를 통해 알았을 때와 몰랐을 때와는 현저한 차이가 있기 때문이다. 예전에는 소리 지른다든지 화를 내고도 '뭐 그럴 수도 있지!'라며 자기 합리화를 했다.

아이한테 좀 미안하고 후회는 되지만, 적극적으로 아이의 마음을 들여다보고 미안하다고 사과 같은 건 잘 하지 못했다. 사실 어떻게 해야 할지 모르기 때문에, 나의 잘못을 알지 못했다고 말하는 것이 정확할 것이다.

아이를 키우는 데 연습은 할 수 없다. 하지만 미리 공부는 할 수 있다. 언제나 우리의 인생이 생방송이듯 아이 키우는 것은 무엇보다 순간순간이 중요하다.

먼저 엄마의 자존감이 높아지면 엄마 자신의 기분을 알아차리고 컨트롤할 수 있게 된다. 이것은 대단히 중요하다. 자신을 들여다볼 수 있어야 내 아이의 마음도 볼 수 있기 때문이다. 그러면 여유도 생기고 자신에게 애정을 가지게 된다. 자신의 감정에 충실해질 수 있다. 엄마 역할이 단지 희생 봉사라고 억울해하지 않는다. 아이를 동등한 인격체로 보기 때문에 자녀와의 갈등이 적다. 부모는 누구나 처음이다. 그러므로 엄마의 현재 상태, 엄마의 미숙함도 아이에게 솔직하게 말하면 아이들도 다 알아듣는다. 그럴 때 건강한 정서가 생기면서 서로 행복해지는 것이다.

이웃에 사는 직장인 엄마는 아이들에게 항상 최선을 다한다. 저녁 시간을 이용해 남편과 번갈아가며 친구들과 모임도 하고, 때로는 여행도 하는 힐링 시간도 가지며, 따로 자기 시간을 가진다. 엄마는 에너지가 충전되어 가정에서는 아이들과 남편한테도 더 잘하게 된다. 항상 엄마의 행복도 놓치지 않는 모습을 보고 자란 아이들은 자존감이 높고 자신감이 있다. 그리고 한눈에 봐도 행복해 보인다. 그리고 매사에 도전하는 멋진 아이들로 자란다.

이렇듯 엄마 스스로가 자기 자신을 돌보아야 한다. 직장에 다니든 전업주부든 자신에게 집중하는 시간을 가져야 한다. 부모가 되었다고 해서 아이들에게 올인 하는 것은 바람직하지 못하다. 특히나 기성세대들은 본인들이 못 먹고 안 입고 힘들게 번 돈으로 아이들을 뒷바라지를 했다. 논이며 밭이며 다 팔아서라도 자신이 배우지 못한 한을 자식에게는 물려주지 않으려고 아낌없이 쏟아 부었다.

부모는 기꺼이 희생하며 키웠다지만 자식들은 성공하여 바쁘다는 이유로 부모를 살갑게 대하지도 않고 등한시하는 경우가 많다. 드라마를 보더라도 얼마나 그런 일이 많은가. 예전 어머니들은 참 고달픈 삶이었다, 그럴 때면 주로 하는 말이 '내가 너를 어떻게 키웠는데?' 하면서 자신의 신세를 한탄하고 자식을 원망한다. 그러면 자신의 인생도 허무하게 되고 자식과의 관계도 좋아지지 않는다. 이해는 물론 되지만 이제는 부모라는 이름으로 자식에게 '너는 내 인생의 전부야!' 이런 말로 부담감을 주면 안 된다. 엄마가 스스로 가꾸며 자신을 위해서 열심히 사는 것을 아이들은 오히려 더 좋아한다. 아이들만 바라보는 엄마라면 얼마나 숨이 막히겠는가.

자식 인생과 나의 인생은 다르다. 부모 역할은 해줄 것은 해주고 나머지 시간은 자신의 행복을 위해 살아야 한다. 엄마의 행복을 위해 열심히 운동을 한다든지 취미 생활을 갖고 스스로 행복을 가꾸어 갈 때 자존감 역시 높아질 것이다.

엄마와 아이는 거울과도 같다고 한다. 그 엄마를 보면 그 아이가 보인다. 엄마가 행복을 스스로 만드는 사람이라면 아이도 역시 마찬가지이다. 이렇듯 엄마의 역할이 대단히 중요하다. 엄마가 자존감이 낮으면 어김없이 아이의 자존감이 낮다.

자존감은 행복과 직결된다. 아이를 행복한 아이로 키우고 싶다면 엄마의 자존감을 높여야 한다. 엄마의 자존감이 곧 아이의 자존감이 되기 때문이다. 엄마가 자존감이 높아져서 행복하면 아이도 행복하다!

02

자존감 공부는
선택이 아닌 필수이다

자녀 교육의 핵심은 지식을 넓히는 것이 아니라
자존감을 높이는 데 있다.

- 레프 톨스토이 -

자존감 공부는 선택이 아닌 필수이다. 엄마는 반드시 자존감 공부를 하여야 한다. 자녀의 행복과 성공을 바라는 것은 어느 부모나 마찬가지이다. 그렇다면 최고 우선 순으로 해야 할 일은 자존감 공부일 것이다. 왜 이토록 자존감이 중요할까? 성공한 사람들을 보면 모두 자존감이 높다. 자존감이 높으면 자신이 가치 있는 사람이라고 생각한다. 자존감은 남이 하는 평가보다 스스로 느끼는 만족감이다.

이들을 성공으로 이끈 사람들은 다름 아닌 자존감 높은 엄마들이었다. 자존감은 현재의 행복과 앞으로의 아이들이 학습을 대하는 태도, 친구들과의 관계 형성까지도 모든 것이 연관되어 있다. 초등학교 때 형성된 자존감이 일생에 지대한 영향을 끼치기 때문이다. 엄마가 자존감이 높아지면 아이도 자존감이 높아지기 때문이다. 내 아이의 자존감 어떻게 하면 높아질까?

첫째, 엄마의 긍정적인 반응이 중요하다. 어른이 보기에는 사소한 것이라도 아이에게는 매우 중요한 경우가 많다. 엄마가 중요하다고 생각이 들지 않으면 아이의 말을 대충 듣고, 아이가 말이 채 끝나기도 전에 건성으로 대답한다.

"엄마, 오늘 내가 꿈을 꿨는데 너무 무서웠어. 근데 말이야!"
"그래? 네가 자꾸 좀비 같은 이상한 것을 보니까 그렇지?"
"아니야, 엄마. 꿈에는 좀비는 안 나왔어!"
"그럼 무서운 꿈은 왜 꾸는 거니?"
"아이, 그게 아니라 진짜! 엄마하고는 말이 안 통해!"

아이는 진지하게 자신이 꾼 꿈 이야기를 하고 있다. 그런데 엄마는 아무것도 아니라는 듯이 엄마가 하고 싶은 말만 한다. 이럴 때 아이는 어떤 기분이 들겠는가. 자신은 말도 제대로 하지 않았는데 엄마 맘대로 말해버리면 다음부터는 '엄마한테 말 안 해야지!'라고 생각하게 될 것이다. 그리고 존중도 받지 못한 기분이 들 것이다.

아이의 자존감은 특별할 때 키우는 것이 아니다. 아이의 말에 긍정적으로 반응한다고 느낄 수 있게 집중해주어야 한다. 평소 사소한 대화 속에서 아이의 말에 진심으로 반응해주면 자존감이 높아진다.

둘째, 먼저 아이의 입장을 생각해야 한다. 엄마의 생각을 먼저 말하기에 앞서 왜 그런 생각을 하게 되었는지 아이에게 물어보아야 한다. 어렵다면 육하원칙을 사용해서 아이와 대화를 나눌 때 적용하면 된다. 예를들면, 학교에서 친구와 싸워서 흥분해서 아이가 왔다면 이렇게 해보자.

"누구랑 싸웠니?"

"언제 그랬는데?"

"어디서?"

"무엇 때문에 그랬어?"

"그래서 어떻게 되었니?"

"왜, 싸우게 된 거니?"

이때 다그치듯이 물어보면 안 되고 편안하고 자연스럽게 물어본다. 아이는 자신이 억울하다고 생각이 들면 자신의 심정을 누군가에게 말하고싶을 것이다. 그때 아이의 입장에서 물어보면 술술 말을 하게 된다. 어른들도 본인이 속이 상하면, 누군가가 호응해주면서 들어주기만 해도 속이 시원하다. 문제가 해결이 되어서가 아니라 자신의 말에 공감을 받은 것만으로 만족감을 느끼지 않는가. 말을 하다 보면 스스로 객관적인 입장에서 왜 싸우게 된 것인지도 정확하게 알게 된다. 엄마는 들어주면서 "그랬구나!", "그렇게 된 것이구나!", "속상했겠네!"라며 맞장구를 쳐주면 편안하게 말을 하게 되고, 자신감 있게 자신의 생각을 말하는 아이가 된다. 엄마의 공감으로 든든한 자기편이 있다는 생각을 가지게 된다. 자신을 알아주는 세상에 단 한 사람만 있으면, 그 힘으로 무엇이든지 헤쳐나갈 수 있는 사람이 된다. 나아가 스스로 문제를 해결하는 능력까지 생기게 된다. 아이 스스로 '나도 잘못했구나, 그 친구도 기분이 나빴겠다. 내일 사과 해야겠네!'라고 생각이 들어 교우 관계도 원만하게 된다. 이런 엄마의 대화를 통해서 아이는 자연스럽게 독립성도 자라게 된다. 그리고 자존감도 건강하게 형성되는 것이다.

셋째, 아이의 장점을 찾아내서 말을 하는 것이 중요하다. 누구나 장점과 단점이 있다. 하지만 대부분 엄마들은 단점부터 보이고 개선해야 한다고 생각이 들어 지적을 하게 된다. 지금부터는 아이의 단점에 집중하기보다 장점을 찾아서 말해보자. 장점을 말하다 보면 강점으로 더 부각되고, 단점은 서서히 보완되어간다.

예를 들면 아이가 활발하고 순발력이 뛰어나고 시원시원하다. 그런데

'차분했으면 좋겠다!', '생각이 깊지 못한 거 같다!'라는 생각이 들 수도 있다. 이때 아이의 단점만을 생각하고 아이의 기질을 억누른다면 어떻게 되겠는가? 엄마와는 계속 부딪힐 것이다.

"넌 왜 그리 차분하지 못하니?"
"생각이 있니 없니? 생각 좀 하고 말해라!"
"왜 매사 그렇게 덤벙거리니?"

이때 아이의 장점에 초점을 맞추면 "너는 활발하고 순발력이 뛰어나고 밝은 성격이어서 리더 자질이 있는 것 같아. 보통 리더들은 그렇대!"라고 아이에게 말을 해주자. 그러면 아이는 자신감도 생기고 엄마가 인정해주어서 자긍심도 생긴다. 그때 엄마는 "리더가 되려면 차분하고 생각도 깊어야 더 멋진 리더가 될 수 있지 않을까?"라고 조언을 해주면 아이는 긍정적으로 받아들일 것이다. 이때 엄마는 아이 옆에서 한 번씩 상기시켜주는 말로 도와주자.

"한 번 다시 생각해보면 어떨까?"
"너무 빠르게 판단한 것이 아닐까? 좀 더 차분하게 생각해보자!"

그럼 엄마와 아이 모두 부딪치지 않고 행복해질 수 있다. 서로 싸우거나 갈등이 생기지 않을 것이다. 안 되는 것을 억지로 바꾸려고 하지 말고 되는 것에 집중하면 효율적이고 좋은 방향으로 나아갈 수 있게 된다. 성격뿐만 아니라 매사에 일을 대하는 자세에서도 해당된다. 못하는 것보다 일단 잘할 수 있는 것에 몰입하다 보면 훨씬 좋은 성과를 낼 수가 있게 된다. 그러다 보면 자신감도 생기고 성공 체험을 했기 때문에 못하는 부분까지도 적극적으로 도전하는 태도로 바뀐다. 그러면 어려운 것도 극복해 낼 수 있게 될 것이다.

넷째, 아이를 믿어 주어야 한다. "믿음이 전부다!"라고 해도 과언이 아니다. 엄마가 아이를 믿어주는 것만큼 아이는 자부심이 생기고 자존감이 높아진다. 엄마의 말이 아이를 불안과 부정적인 마음으로 심어지는지 생각해야 한다. 왜냐하면 엄마가 "네가 할 수 있겠냐? 괜찮겠냐?"이런 말을 하게 되면 아이도 자신에게 믿음이 생기지 않기 때문이다. 믿음은 현재 당장 보이는 결과에 급급해하지 않고 미래의 발전 가능성을 묵묵히 믿어주는 것이다. 지금 아이가 성장이 느려도, 능력이 떨어져도 아이를 어떠한 경우에도 엄마는 믿어주자.

그 믿음 속에 아이는 도전하는 것에 두려워하지 않게 된다. 그 도전 과정을 괴로움이 아니라 즐겁게 받아들이고 성공해 낸다면, 아이는 또 다른 도전을 하는 아이가 된다. 못하는 이유를 생각하기보다 될 방법을 찾는 진취적인 사람이 되는 것이다.

보다 더 과감한 시도 역시 즐겁게 받아들이고 해낼 수 있는 기초가 되는 것이다. 자존감의 기초가 되는 것이 자기 자신에 대한 믿음이다. 또한 엄마의 믿음은 천하를 다 얻은 듯한 막강한 힘을 발휘할 수가 있다.

"넌, 세상에서 하나밖에 없는 사람이야!"
"지금도 멋지고 앞으로도 멋질 거야!"
"엄마는 널, 믿어!"

이렇게 아이에게 말을 해준다면 아이는 얼마나 행복할까? 아이의 자존감을 높여주기 위해서는 엄마가 자존감 공부를 하는 것은 선택이 아니라 필수이다. 아는 만큼 보인다고 했다. 아이에게도 그만큼 도와줄 수가 있다. 엄마의 행복을 위해서 그리고 아이를 위해서도 자존감 공부를 하자!

03

문제 행동을 하는 아이는
자존감이 낮다

문제 아동은 없다.
문제 있는 부모가 있을 뿐이다.

- 알렉산더 닐 -

문제 행동을 하는 아이는 왜 자존감이 낮을까? 자신의 마음이 충족되지 않기 때문이다. 자신의 마음을 알아주는 한 사람만 있어도 아이는 문제 행동을 하지 않는다. 문제 행동을 할 때 그 아이의 마음을 들여다보아야 한다. 겉으로 보이는 모습이 전부가 아니다. 집에서는 부모님 말씀을 잘 듣던 아이가 학교에서나 밖에서는 문제 행동을 하는 경우가 있다.

큰아이가 초등학교 1학년 때 일이었다. 그때 같은 반 친구가 있었는데 집안 사정상 부모가 아닌 할머니 댁에서 자라게 되었다. 그 집은 장사를 하였는데 마침 내가 자주 가는 분식집이었다. 그래서 평소에 할머니와 대화를 하였는데 항상 손자에 대해 말하였다. 손자가 예의가 바르고 자기 방도 스스로 잘 치우고 바른 생활을 하는 아이라며 자랑이 대단했다. 그런데 나는 우연히 그 아이가 혼자 집에 가는 모습을 몇 번 보게 되었다. 막대기를 들고 걸어가면서 한참 파릇파릇 새싹이 나와서 예쁘게 피어 있는 잎사귀를 마구 두드리면서 가는 것이다. 당연히 그 여린 잎들이 우수수 떨어졌다. 거기다가 과자 봉지를 길바닥에 한 치의 갈등도 없이 그냥 막 버리는 것이었다.

할머니가 했던 말과는 다른 그 아이의 행동을 보면서 나는 이런 생각이 들었다. '저 아이는 뭔가 욕구 불만이 많구나. 초1밖에 안 되었는데 벌써 저런 거친 행동을 자연스럽게 하다니!' 앞으로 아이가 어떻게 될지 걱정이 되었다. 하지만 친하다고 해도 남의 아이의 행동을 좀처럼 그대로 말해주기는 싫지 않다. 나중에 그 아이가 우리 집에 놀러 오게 되었다. 아이는 나와도 스스럼없이 이야기하고 밝은 아이였다. 우연히 할머니에 대한 이야기를 하는데 할머니는 엄청 잘해주시는데 엄청 엄하다고도 했다.

"할머니랑 살아서 좋지. 할머니가 너 자랑 많이 하시더라!"
"할머니는 제가 말하는 거 다 해주세요. 그런데 말 안 들으면 매 맞아요. 그땐 무서워요. 할머니 말 잘 들어야 해요!"
"그렇구나. 할머니가 너 잘되라고 하시는 거야!"

"그래도 그때는 할머니 싫어요. 내 말은 하나도 안 들어줘요!"

나는 왜 아이가 밖에서 그런 행동을 했는지 알 것 같았다. 할머니가 잘해주어서 좋긴 하지만 자신의 속마음을 말하지 못하는 듯했다. 항상 할머니 앞에서는 바르게 행동해야 한다는 강박관념이 있어서 스트레스가 쌓여서 자신의 감정을 표출하는 것이다. 할머니는 부모 없이 버릇없게 컸다는 말을 듣게 하고 싶지 않아서 엄하게 키우신다고도 하셨다. 한편으로는 걱정도 되었다. 아이의 감정을 읽어주지 않으면 언젠가 폭발할 것이 예상되기 때문이었다. 할머니도 아이의 잘못된 행동에 중점을 두지 말고 아이가 어떤 마음으로 그런 행동을 하게 되었는지 알려고 해야 한다. 아이들에게는 무엇보다 자신의 감정을 공감해주는 사람이 있어야 한다. 자존감이 낮은 아이는 공감을 받지 못해서 자신의 존재 자체에 부정적인 감정을 가지게 된다. 존재의 가벼움을 느끼면 자기 자신을 사랑하지 못하는 사람이 된다. 표현을 잘 하는 어른들도 자신의 마음을 알아주지 않으면 힘들고 속상해진다. 심하면 급기야 우울증까지 걸리게 된다.

내가 알던 지인은 아들이 둘이었고 학부모들 사이에서 부러움의 대상이었다. 첫째 아들은 초등학교 때부터 전교 회장을 하고 두각을 나타내는 아이였다. 둘째는 형이 공부도 잘하고 부모님뿐만 아니라 학교에서나 엄마 친구들한테도 인정받는 모습을 보며 자랐다.

그래서 자신도 부모님의 칭찬을 듣고 싶어서 무엇이든지 열심히 하였다. 하지만 아무리 열심히 하여도 형보다 잘하지는 못했다. 그 아이는 형에게 시기 질투를 하였다. 항상 엄마는 누굴 만나도 큰 아들 자랑뿐이었다. 아이들은 언제나 자신에 대한 평가를 알게 된다. 그래서 항상 말조심을 해야 한다. 부모님끼리 우연히 말하는 것을 들을 수도 있다. 그리고 전화할 때도 아이들이 있을 때는 되도록 아이들 말은 하지 말아야 한다. 나이가 들어 귀가 멀어도 자신의 흉은 기가 막히게 잘 들린다고 한다. 아이들은 누구보다 자신에 대한 평가에 민감하다.

"우리 둘째는 걱정이야. 형 반만 따라가도 내가 걱정이 없어!"
"지금 애가 없으니까 말인데 둘째는 대체 누굴 닮아 저 모양인지 모르겠다니깐!"
"매일 놀 생각이나 하고 도대체 어쩌자고 저러는 건지 원!"
"하여간 내가 제 때문에 팍팍 늙는다니까 정말!"
"학교에 가도 창피해 죽겠어!"

매일 반복되는 엄마의 비교는 아이에게 치명적인 상처가 된다. 결국엔 작은 아이는 중학교에 들어가면서 폭발하고 말았다. 어릴 때는 엄마에게 사랑을 받으려고 애쓰지만 사춘기가 되고 달라진 것이다. 자아가 형성되어 부당하다는 생각이 들면 가만있지 않는다. 감정 표출을 하지 않고 고

분고분했던 아이들이 더 무섭게 돌변한다. 비교당하며 열등감으로 똘똘 뭉쳐 있던 둘째는, 학교에서 친구들에게 시비를 걸어 폭력을 일삼고 학급 분위기를 흐리는 문제아가 되었다고 한다.

　같은 학교 다니던 아들이 초등학교 때랑 그 친구가 너무 많이 달라졌다며 놀라서 나에게 말하곤 하였다. 비교당하는 것은 비난을 받는 것이나 마찬가지다. 아이들마다 강점이 다르다. 둘째의 강점을 알아서 그 점을 살려주어야 하는 것이다. 자녀를 키우면서 가장 중점을 둘 부분은 아이마다 다르다는 것을 인정하는 것이다. 어릴 때부터 자존감을 키워주면 다른 사람과 자신을 비교하지 않는 아이로 자란다.

　먼저 아이의 자존감을 키워주려면 부모는 자식을 비교하지 말아야 한다. 그리고 자식과 자신의 어린 시절을 혼동해서 자신의 모습이라고 투영하면 안 된다. 보통 본인이 둘째였고 부모님이 첫째에게 모든 관심을 가져서 불만을 갖고 자라면, 자신의 아이 특히나 첫째 아이에게 지나치게 엄하고 무섭게 하는 경우를 봤다. 공교롭게도 부모가 모두 둘째였고 형, 언니 때문에 엄마의 사랑을 뺏겼다는 생각이 들어 한이 되었던 것이다. 그래서 마치 첫째아이를 자신의 형, 언니라고 착각하고 둘째만 편애하는 것이다. 큰아이는 우울해하고 기가 죽어서 집에서 왠지 혼자가 된 듯 외로워 보였다. 그리고 매사에 엄마의 눈치를 보는 것이다. 애처로워

보였다. 알고 보면 엄마도 어릴 때 억울했던 마음을 치유 받지 못했기 때문이다.

이렇듯 자존감이 낮은 엄마는 자신의 아이도 자존감이 낮은 아이로 자라게 한다. 본인도 엄마로 인해 상처받았는데, 또다시 자신의 아이에게 그대로 상처를 주는 것이다. 정말 안타까운 일이다. 그렇기 때문에 악순환이 된다. 결국엔 문제 행동 아이는 키우는 사람의 문제인 것이다. 나의 아이가 문제 행동을 하는 것은 그냥 하는 것이다.

"나는 지금 아파요. 나를 좀 봐주세요!"

신호를 보내는 것을 알아차리고 현명하게 대처해야 한다. 엄마라면 반드시 아이를 도와줄 수 있다. 이처럼 아이들의 행동에는 다 의미가 있다는 말이다. 이럴 때 알아차리고 구체적으로 물어보아야 한다. 왜 그런 행동을 하는지 자존감이 낮은 아이일수록 말보다는 행동으로 표현한다. 지금부터라도 엄마가 연습을 하자. 아이의 마음을 들여다보는 것을 말이다. 내 아이가 행복한 아이가 될 수 있도록 멋진 인생을 살 수 있도록 도와주는 부모가 되어야 한다. 엄마가 자신감을 가지고 나의 아이를 구해주자!

04

엄마는 아이의
최고의 조력자가 되라

사랑은 지성을 넘어선
상상력의 승리이다.

- 헨리 맨컨 -

나는 '기수련' 지도자를 한 적이 있다. 선택한 이유는 내가 태어난 이유를 알고 싶었고, 의식을 높일 수 있다고 생각해서 다니던 시청을 그만두고 뛰어들었다. 나만 생각하는 삶에서 타인과 더불어 좋은 세상을 만들자는 취지가 매력적이었다. 내가 교육 받았을 때는 가장 추운 1월이었다. 동기는 20명 남짓했다. 얼음을 깨고 잠수를 하는 미션이 있었다. 나는 수영도 못하고 물도 무서워하고 더군다나 잠수는 해본 적도 없다. 하지만 극복할 수 있었다.

그리고 천태산에 올라가는 미션이 있었다. 각자 가지고 온 짐을 배낭에 다 넣은 뒤 그 가방에 큰 돌 3개를 넣으라고 했다. 가방 무게가 비전이었다. 한 걸음 한 걸음이 홍익인간, 이화세계의 이념인 널리 사람을 이롭게 하는 비전이라고 의미를 부여하였다. 천태산은 완전 돌산이었다. 그 무거운 가방을 들고 새벽에 출발해서 밤이 되어서야 숙소에 도착했다.

교육의 목적은 비전을 향한 마음 다지기와 동기들과 단결하는 마음을 배우기 위함이었다. 그때 포기하려는 내적 마음과 갈등할 때, 동기가 있었고 끝까지 할 수 있도록 이끌어준 조력자가 있었기에 교육을 이수할 수 있었다. 사람들은 대부분 혼자라면 포기했을 일도 옆에서 서로 힘이 되어 주는 사람이 있기에 끝까지 할 수 있는 것이다. 그리고 결혼을 하고 아이를 키워보니 부모님의 사랑에 감사함을 느끼게 된다. 29살의 나이에 잘 다니던 시청을 그만두고 기수련 지도자를 하겠다는 어처구니없는 선택을 하였다. 그런데 그런 딸을 엄마가 믿어주었다. 엄마가 아버지를 설득했기에 가능한 일이었다. 지도자 생활이 힘들고 어려움도 많았다. 하지만 후회는 하지 않는다. 어디에서도 해보지 못할 귀한 경험을 하게 되었다.

나 자신에 대한 생각을 깊게 할 수 있었고, 삶의 의미를 다른 관점으로 보는 사람이 될 수 있었다. 그래서 조금은 다른 생각을 하는 사람이 되었다. 만약에 엄마가 허락하지 않았다면, 나는 이런 경험을 하지 못했을 것이다. 지금 아이를 키우는 시점에서 나는 과연 아이들이 나처럼 엉뚱한 길을 간다면 흔쾌히 허락할지 자신은 없다. 하지만 적어도 새로운 경험을 하는 것에 그다지 놀라지는 않을 것 같다. 아마도 지지해주지 않을까?

내가 아는 지인이 있었다. 자식들이 무슨 일을 하더라도 믿어주었다. 그리고 모든 말을 다 들어주었다. 아이가 무슨 말을 해도 계속 들어주고 지지해주었다. 보통 엄마들은 "쓸데없는 말 하지 마라!"라고 할 수도 있었다. 그 엄마는 아이의 말을 잘 들어주는 최고의 조력자였던 것이다. 사람들은 어릴 때 형성된 자존감으로 인해 사물을 대하는 자세가 달라진다. 잘 들어주고 믿어주는 엄마로 인해 아이는 자존감이 높아진다. 사회에 나가서도 도전할 수 있는 사람이 된다. 성공자가 되는 토대를 만들어주는 것이다. 대부분 성공자들은 자신의 부모가 있었기에 성공할 수 있었다고 말한다.

내 아이의 잠재력을 믿어주어야 한다. 제대로 평가하려면 엄마가 아이를 보는 관점이 달라져야 한다. 엄마는 자신의 이해 정도로만 아이를 바라본다. 엄마가 성장한 만큼 아이를 공감하고 이해할 수 있다. 아이가 어떤 말을 하더라도 잘 들어준다면 아이는 엄마가 힘껏 응원해주는 걸 느낄 수 있다. 아이들은 엄마를 최고로 좋아하고, 엄마의 말이 전부이기 때문이다.

얼마 전에 TV조선에서 〈미스터 트롯〉이 방송되었다. 성악을 성공한 김호중이라는 사람이 트롯 가수로 전향해서 나왔다. 김호중은 오늘 자신이 이 자리에 설 수 있는 것은 고등학교 선생님 덕분이라고 한다. 자신이 잘못된 길을 가려고 할 때, 선생님이 미래를 생각하게 하고 꿈과 비전을 명확하게 제시해주어서 바른 길로 가게 되었다고 한다. 결승전에서 〈고 맙소〉라는 노래를 불렀다. 선생님을 위한 노래였고, 고마움에 복받쳐서 눈물을 머금으면서 부르는 모습이 감동적이었다. 인생에 누굴 만나느냐는 대단히 중요하다. 단 한 사람만의 진정한 조력자가 있어도 성공자의 삶을 살아갈 수 있기 때문이다.

수영 역사상 최고의 선수이자 120년이 넘는 올림픽 역사상 전 종목 통틀어 최고의 선수로 평가받는 수영 황제 마이클 펠프스는 주의력 결핍 과잉행동증후군(ADHD) 판정을 받고 이를 극복해낸 걸로 유명하다. 펠프스는 또래 아이들보다 활동성이 조금 과하다고만 생각했는데 부모님이 이혼한 후 증세가 더욱 심해졌다. 펠프스의 상태는 주위의 친구들의 수업을 방해할 정도였다. 선생님으로부터 "넌 앞으로 인생에서 성공하기는 글렀다!"라는 말을 들었다. 하지만 그의 장애를 고치기 위해 온갖 치료법을 다 알아보는 위대한 어머니가 있었다.

수영의 반복 훈련이 ADHD를 극복하는 데 도움이 된다고 알게 되었다. 그의 어머니는 곧 바로 펠프스를 데리고 수영장을 찾았다고 한다. 펠프스는 처음에는 물을 무척 무서워해서 두려움과 공포를 극복하는 훈련을 해야만 했다. 의사는 뇌 발달이 더딘 아이들에게서 흔히 나타나는 증상이라고 했다. 물을 무서워하는 펠프스에게 어머니는 항상 웃는 얼굴로 자신감을 심어주고 격려해주었다고 한다.

"너는 할 수 있다!"

물에 얼굴을 못 담그자 어머니는 배영을 먼저 배우도록 해서 물에 대한 공포를 덜 느끼게 했다. 펠프스는 눈에 띄게 집중력이 향상되었고, 점점 수영에 자질을 보이기 시작했다. 마침내 그는 물속이 편안하고 아늑하여 천국처럼 느끼게 되었다고 한다. 펠프스가 수영에 남다른 자질이 있다는 것을 알게 된 그의 어머니는 수영선수가 될 수 있도록 본격적으로 길을 열어주게 되었다. 펠프스는 혹독한 훈련도 마다하지 않고 훈련하여, 마침내 전무후무한 대기록을 세우는 수영 영웅이 되었다.

어떤 부모 밑에서 자라느냐가 중요하다. 아이를 엄마의 눈높이로 바라보지 말아야 한다. 아이가 바라보는 곳을 향해 엄마가 몸을 낮추어서 함께 바라보고, 지지해주는 엄마가 되어야 한다. 그러면 아이는 자신에게 믿음이 생긴다. 아이는 당당하게 인생을 맞서서 나아가는 사람이 된다.

펠프스의 어머니가 ADHD를 극복하는 데 적극적인 자세로 세심하게 이끌어준 것이 인상 깊다. 어머니가 포기하고 낙담하였다면, 펠프스 선수의 재능을 알지 못했을 것이다. 물을 무서워하면 물과 친해질 수 있는 방법을 생각하고, 아이에게 끊임없이 "할 수 있다!"고 용기를 주었다. 아이의 병을 고치기 위해 시작한 수영이, 펠프스의 잠재력까지 발견하게 된 것이다. 펠프스의 성공 뒤에는 어머니의 조력과 응원이 있었기에 가능하게 된 것이다.

엄마는 아이를 이해할 수 있어야 한다. 엄마가 이해하지 못하면 그 누가 아이를 오롯이 이해할까? 아이가 아무리 재능이 많아도 부모의 인정을 받지 못하면 더 이상 재능을 발휘하지 못한다. 만약 아이의 개성이 뚜렷하여 이상하다고 생각이 들 수도 있다. 하지만 '다른 아이와 다르다!'라고 생각해야 한다. 미래의 내 아이의 가치를 마음대로 단정을 지으면 안 된다. 어떤 인재가 될지 모른다. 엄마가 아이를 낳았지만 아이는 엄마의 소유물이 아니다. 하나의 인격체로 바라보아야 한다. 소중한 아이의 마음을 들여다보고 도움을 주는 엄마가 되어야 한다!

세계적으로 훌륭한 업적을 남긴 사람들 대부분은 엄마의 영향을 받았다. 지금 코로나19로 인해 전 세계가 시끄럽다. 지구가 병들어 간다고 많이들 말한다. 우리 아이들이 살아가야 할 미래가 좀 더 좋은 세상이 되었으면 좋겠다. 지구가 하나라고 하는 말은 함께 지구를 지키고 가꾸어야 한다는 말일 것이다.

아이의 성적에만 중점을 두기보다는 이런 사회 현상에도 관심을 갖는 아이로 키워야 한다. 엄마는 위대한 사람들이기 때문에 엄마들이 있기에 내일이 밝을 것이다. 내 아이의 잠재력을 끄집어내고 인류에 희망을 안겨줄 그런 멋진 아이로 키우면 얼마나 좋을까? 엄마는 아이에게 최고의 조력자가 되라!

스위스의 위대한 교육자 페스탈로치

스위스의 위대한 교육자 페스탈로치는 다른 아이들에 비해 키가 유달리 작고 몸이 약하였다. 얼굴에는 흉한 천연두 자국이 있어 페스탈로치는 대부분 거의 집안에서만 보내게 되었다. 이런 페스탈로치가 학교에 들어가서는 아이들과 어울리지 못하고 놀림감이 되었다. 친구들과 밖에서 뛰어놀아본 적이 없던 페스탈로치는 공 던지기조차 하지 못하였다. 아이들에게 '바보!', '멍청이!'라는 놀림을 받았다. 페스탈로치는 항상 혼자 친구들이 노는 것을 구경만 하였다. 선생님조차도 이런 페스탈로치를 신경 쓰지 않았다. 글조차 제대로 쓰지 못하는 페스탈로치를 보며 "기대를 하지 않는 것이 좋을 것이다."라고 말하였다.

어느 날, 취리히에 대지진이 일어났다. 학교에서 수업을 받던 선생님과 학생들은 놀라서 밖으로 뛰쳐나갔다. 페스탈로치는 친구들이 서로 나가려는 속에서 밀쳐지며 가장 마지막으로 나오게 되었다. 이런 페스탈로치를 보며 친구들은 "넌 지진이 무섭지 않냐?"고 하자, 오기로 "응, 난 안 무서워!"라고 말을 했다. 친구들은 자신들의 물건을 가져와보라고 하였다. 페스탈로치는 무서워도 꾹 참고 다시 위험한 교실에 들어가서 물건을 갖다 주었다. 친구들은 무서워하지 않는 페스탈로치를 보고 용감하다고 하지 않았다. 고마워하기보다 오히려 지진을 모르는 "바보가 맞다!"고 놀려댔다. 형은 이 사실을 어머니에게 말을 하였다.

어머니는 "페스탈로치는 바보가 아니라 친구들을 위해 한 행동이야. 남을 위해 봉사하는 좋은 일을 한 것이다!"라고 하였다. 이런 어머니의 지지를 받고 자란 페스탈로치는 친구들이 놀려도 아무렇지 않았다. 절대로 기가 죽지 않았고 용기를 가지며 공부에 집중할 수 있었다. 결국 그는 우수한 인재들만 갈 수 있는 취리히 대학을 가게 되었다. 친구들에게 놀림을 받고 선생님조차 기대를 하지 않았던 페스탈로치에게 어머니의 "너는 다를 뿐이야! 너는 특별한 아이다!"라는 믿음과 지지가 있었기 때문이었다. 근대 교육의 아버지 페스탈로치는 어머니의 절대적인 믿음이 성장의 동력이 되었던 것이다!

05

엄마의 감정을 보고
아이는 배운다

우리가 무슨 생각을 하느냐가
우리가 어떤 사람이 되는지를 결정한다.

- 오프라 윈프리 -

아이는 엄마의 감정을 그대로 배운다. 나는 6학년 때 엄마가 암 수술로 인해 몸과 마음이 지치고 힘이 드신 걸 보고 자랐다. 나 역시 엄마가 돌아가실까 봐 겁이 나서 매일 밤 기도를 한 기억이 있다. 다행히 엄마는 암을 극복하셨다. 그 후 남편과 자식에게 희생만 하지 않는 엄마로 바뀌었다. 죽음의 문턱을 다녀온 사람은 인생관이 바뀐다고들 한다. 엄마는 우리들에게도 '건강해서 다행이다!'라고 생각하시고 공부도 강요하지 않게 되었다.

나는 20대가 되어도 이유 없이 계속 우울하고 삶이 행복하지 않다고 느끼곤 했다. 내가 결혼을 하고 아이를 낳아 친정엄마가 산후조리를 해주신다고 우리 집에 계실 때 듣게 된 말이 있다. 엄마가 둘째인 나를 임신하셨을 때 아버지의 일로 충격을 받으셨다고 한다. 그 후 삶의 의미가 없고 너무 힘드셔서 진해의 한 동산으로 올라가서 자살까지 생각을 하였으나 '뱃속에 있는 아이가 무슨 잘못이 있나?' 하고 생각을 고쳐먹으셨다고 한다.

그렇지만 엄마는 10달 동안 죽고 싶을 만큼 힘든 시간을 보냈고, 그런 엄마 뱃속에서 나의 감정은 형성된 것이었다. 나는 그제야 내가 왜 그리 이유 없이 우울한지 알게 되었다. 나는 어릴 때부터 '사람은 왜 사는지? 왜 사람은 바뀌지 않는가?'라고 삶에 대한 의문이 들었다.

중학교에 입학을 하였는데, 담임 선생님의 딸 이름과 내 이름이 공교롭게도 같았다. 그러니 당연히 제일 먼저 나의 이름을 기억하셨다. 첫날 첫 시간에 나의 이름을 부르면서 교실 앞으로 불러내는 것이었다. 담임 선생님은 굉장히 재미있는 분이셔서 분위기를 띄우려고 하셨나 보다. 밑도 끝도 없이 나에게 노래를 불러보라고 하셨다. 나는 순간적으로 멘붕이 왔다. 소심한 성격인 나에게는 너무나 청천벽력 같던 순간이었다. 나는 얼어붙고 말았다. 아무 생각도 나지 않았다.

"김민정이네. 내 딸은 박민정이다. 노래 한번 불러봐라!"

"……."

"김민정이 노래 불러봐. 아무거나!"

"……."

"그래, 그럼 그냥 들어가라!"

나는 그 뒤로 트라우마가 생겼다. 학교에서 선생님이 나를 부르면 아무 생각이 안 나는 아이가 된 것이다. '난 왜 이리 못났나!' 이런 생각을 가지게 되면서 점점 자신감이 떨어졌다. 내가 더 창피한 이유가 있었다. 엄마 지인의 딸 2명이 나와 같은 반이었다. 알고 보니 전교 1, 2등으로 입학했다는 것이다. 그 애들 때문에 나는 더 창피했던 것이다. 지금처럼 밝고 긍정적이었으면 그 애들이랑 친해져서 베프로 만들지 않았을까? 하지만 그때의 나는 자신감도 없었고 자존감도 바닥이었다. 그래서 나는 그들과 나를 비교하기 바빴다. 거기다 그들은 실장, 부실장이었다. 자존감이 낮다는 것은 "인생에 브레이크를 밟고 있는 것과 마찬가지다!"라고 한다. 너무나 공감이 된다. 한 발도 내디딜 수가 없었다. 나의 중학교 3년은 그 애들의 찬란한 인생을 보고 낙담하느라 시간을 다 보냈다고 해도 과언이 아니다. 그들과 비교하고 '나는 못났다!' 이런 생각으로 아까운 시간을 보낸 것이다.

친정엄마의 어린 시절에는 남자들만 공부시키고 여자들은 초등학교만 겨우 보내주던 시절이었다. 특히나 강원도 시골이었기에 더욱 그런 환경에서 자란 것이다. 엄마는 6남매 중에 가장 똑똑하고 머리도 좋고 공부도 잘했지만, 단지 여자라는 이유로 공부를 안 시켰다고 한다. 나의 친정아버지는 군인이었다. 부인들 모임도 굉장히 많았다고 한다. 여러 학력의 사람들이 모이다 보니, 엄마는 국졸이라는 사실에 열등감이 생기셨다고 한다. 학력이 낮으면 알게 모르게 위축되고 자신감도 떨어진다고 말을 하시고 공부를 열심히 하라고 하셨다. 엄마는 공부를 해서 후회 없는 삶을 살라고 말씀하셨을 것이다. 그런데 나는 잘못 해석하게 되었다. '공부를 못하고 학력이 낮으면 실패한 인생이다!'라고 말이다. 학력에 의해 내 인생의 행복과 성공이 결정된다고 생각하게 되어버렸다. 내 인생은 왠지 실패했고 못난 사람이 된 것 같았다. 부모님들은 자식이 잘 되라고 항상 말씀하신다. 하지만 자존감이 낮은 사람한테는 오히려 역효과가 나타날 때도 있다.

자존감 형성은 어릴 때부터 하여야 한다. 자신에게 집중하는 아이, 남의 눈치를 보지 않고 자신의 인생을 살아가는 아이가 되는 것이다. 그리고 뱃속에 있을 때 10개월이 출생하고 10년을 맞먹을 정도로 태아 교육이 중요하다. 뱃속에 있을 때부터 아이에게 그대로 엄마의 감정이 전달되기 때문이다. 엄마의 영향을 아이들은 그대로 받는다. 엄마를 보고 세상을 바라보기 때문이다. 우리는 모든 상황에서 선택을 해야 하는 순간과 마주한다. 어떤 선택을 할지는 나의 상태, 나의 의식이 그대로 반영된다. 같은 것을 보고 행복한 생각을 하고, 기쁘게 도전하는 사람도 있는가 하면, 비관적으로 받아들이고 낙담하는 사람으로 나뉘게 될 것이다. 나는 태아 때 받은 영향인지 자꾸만 비관만을 선택하였다.

처음에는 별 차이가 없겠지만 모든 삶은 선택의 연속이다. 당신은 어떤 선택을 하고 있는가? 어떤 선택을 하고 싶은가? 좋은 선택이 좋은 인생을 만들 수 있다. 나는 누구보다도 자존감이 낮았고 비관주의였기에 여러분에게 용기를 줄 수 있다. 자존감이 높아진 나의 삶은 정말 하늘과 땅 차이다. 행복을 선택하는 사람이 되었고, 더 이상 남의 눈치를 보지 않는 사람, 나를 사랑하는 사람이 되었기 때문이다. 나의 사고가 바뀌고 보니 그제야 보이는 것이 있었다. 친정엄마는 힘든 상황에서도 열심히 자신을 가꾸고 자신의 인생을 책임지는 분이었다. 자존감이 높고 자신에게 집중하는 멋진 사람이었다는 것을 알게 되었다. 생각해보면 어릴 적 엄마는 우리에게 이야기를 참 많이 해주셨다. 엄마의 말괄량이 어린 시절을 실감나게 말씀을 하셨다. 그러면 우리 삼남매는 정말 배꼽을 잡고 웃었던 기억이 난다. 친구 같은 엄마이기도 했다. 그래서 어쩌면 나도 친구 같은 엄마가 될 수 있었던 것 같다. 그리고 그때 재미있게 말씀하시던 것처럼 나 역시 재미있게 말을 하는 사람이 되었다. 정말 그대로 닮는 것이 신기하다.

비록 삶이 팍팍하고 힘드셨지만, 낙천적이고 열심히 사시는 모습을 보고 자란 나는, 항상 더 발전하고 싶어서 노력을 하게 된 거 같다. 그렇기에 이렇게 늦게나마 작가라는 꿈을 이루게 되었고 더 나를 발전시키기 위해 나아가고 있다. 그리고 아이들을 더 존중해줄 수가 있게 된 것 같다. 엄마가 행복하면 아이를 바라보는 시선이 바뀌게 되기 때문이다.

아이들은 엄마의 감정을 보고 자신도 똑같은 감정을 배운다. 아이의 자존감에 큰 영향을 준다. 그리고 엄마의 감정을 솔직하게 아이에게 말해주어야 한다. 그래야 아이도 자신의 감정을 말하는 아이가 된다. 그러면 친구들 관계도 원만하게 된다. "나는 지금 기분이 나쁘다! 나한테 다음에는 그렇게 하지 말아줄래?"라고 말할 수 있는 아이가 되기 때문이다. 자신의 상태를 말해주어야 친구도 알게 되고 조심하게 된다. 스스로가 자신을 지킬 수 있어야 한다!

이런 감정을 말하는 것도 연습이 필요하다. 배우지 않으면 할 수가 없기 때문이다. 아이는 자신의 감정을 솔직하게 말할 수 있을 때 자존감이 형성된다. 그리고 엄마는 자기 자신을 귀하고 특별하게 여겨야 한다. 그래야 내 아이도 특별한 아이로 성장하게 된다. 아이들은 엄마의 거울이다. 아이는 엄마의 감정을 보고 배운다는 사실을 잊지 말자!

06

아이는
엄마 하기에 달려 있다

온갖 실패와 불행을 겪으면서도 인생의 신뢰를 잃지 않는 낙천가는
대개 훌륭한 어머니의 품에서 자라난 사람들이다.

- 앙드레 모루아 -

    당신의 아이는 어떠한 아이로 키우고 싶은가? 대부분 행복한 아이가
되길 바랄 것이다. 부모라면 당연하다. 어떻게 키우면 아이가 행복해질
까? 나는 20살인 아들과 12살인 딸이 있다. 첫아이 때 시행착오를 많이
겪었다. 아직도 사회는 학력에 따라 출세와 성공으로 이어지는 듯한 분
위기다. 아들에게 나의 욕심으로 초등학교 때 공부를 많이 시켰다. 정작
공부해야 할 때 아이는 공부에 질려 하지 않게 되었다. 부모 역할 공부를
하고 아이를 그나마 이해하는 부모가 되었다. 나는 아들을 고등학교 때 3
개월만 영수 학원을 보냈을 뿐이다. 지금 나는 후회하지 않는다. 그런 나
를 보고 사람들은 불안하지 않느냐고 했다. 나의 과거를 이야기해서 설
득시키려고 해도, 아들은 이해하지 못할 것이다. 나 역시 이해는커녕 오

히려 잘못 해석하여 자존감만 더 낮아졌었기 때문이다. 공부든 무엇이든 억지로는 안 된다.

〈한책협〉 카페에 가입하고 이렇게 글쓰기를 하고 있는 요즘 나는 너무나 행복하다. 책을 쓰는 자체로도 행복하지만, 나의 의식이 확장되어 가고 있기 때문이다. 그 어느 곳에서도 가르쳐주지 않는 삶의 지혜, 부를 대하는 자세, 성공자의 삶을 김도사와 권마담으로부터 듣고 배우게 되었다. 내가 알고, 보고, 느끼는 만큼만 세상을 볼 수 있다. 나는 스타벅스에서 글을 쓰고 있다. 코로나19로 인해 많은 사람들이 모여 있다. 나처럼 노트북을 가지고 와서 무언가를 열심히 하는 사람, 자격증을 따기 위해서 공부하는 사람, 수다 떨고 노닥거리는 사람들이 있다.

사람들은 흔히 선생님, 과학자, 공무원 등 이런 것이 현실적인 꿈이라고 한다. 대통령, 사장님, 부자 등 이런 꿈은 비현실적인 꿈이라고 생각하곤 한다. 나는 의식이 바뀌었고 부에 대한 자세를 달리하게 되었다. 하지만 최우선 순위는 자존감 높은 아이로 키워야 한다는 것이다. 아무리 좋은 말을 해도 받아들이지 못하면 소용없기 때문이다. 어떤 직업을 정하기보다 아이의 가슴이 뛰게 하는 일을 찾을 수 있도록 도와야 한다.

미국은 기부문화가 발달되어 있다. 어릴 때부터 부를 대하는 자세와

문화가 다르다고 한다. 심지어 자식에게는 자신의 재산을 상속하지 않고 사회에 기부하거나, 자식에게는 조금만 상속한다. 돈을 물려주는 것이 아니라 성공자의 의식을 물려주기 때문이다. 우리는 돈만 물려주어 자식들이 마약, 도박에 빠져 인생을 낭비하는 사람을 많이 보게 된다. 올바른 부의 가치, 의식을 물려주어야 제대로 된 인생을 살 수 있기 때문이다.

김연아 선수의 어머니는 프로 코치보다 더 코치같은 엄마였다. 항상 김연아 선수 옆에서 고된 훈련을 보는 것은 물론, 비디오를 통해 피겨 스타들의 연기를 연구해 교정해주기까지 하였다. 김연아 선수가 착지하는 소리만 듣고도 컨디션을 알 수 있을 정도였다고 한다. 기술적인 면이나 김연아의 멘탈까지 어머니가 도와주었다고 한다. 그러한 어머니 덕분에 김연아 선수는 강철같은 정신력을 소유하게 되었을 것이다. 엄마의 자존감은 그대로 아이의 자존감이 된다. 김연아 어머니는 말한다.

"나는 김연아를 전공했다. 연아 때문에 학교 다닐 때보다 더 열심히 공부해야 했다. 사랑에 빠졌을 때보다 더 열정적으로 내 자신을 헌신했다."

그리고 지상 체력 훈련은 어머니가 직접 시켰다고 한다. 아이스링크 주변을 100바퀴를 돌았다는 일화는 유명하다. 그 엄마의 그 딸이라고 할 만큼 둘 다 대단하다. 그렇게 타고난 끈기와 승부 근성을 지닌 어머니가 있었기에 김연아 선수는 결실을 맺을 수가 있었던 것이다. 어떤 코치보다도 열정적으로 관리했고, 어머니가 직접 전문가보다 더 열심히 노력했다고 한다. 피겨 꿈나무 육성, 아이스쇼 개최를 위해 올댓 스포츠 설립을 하여, 김연아 선수가 후원을 못 받고 힘들었던 부분 등 애로사항을 잘 알기에 피겨 환경을 바꾸는 역할까지 하고 있다. 그리고 김연아 선수가 CF를 통해 번 돈으로 기부를 많이 한다고 한다. 김연아 선수의 어머니는 대단하고 존경스럽다. 엄마의 마인드의 크기에 따라 아이의 미래가 결정된다. 아이는 엄마 하기에 달려 있다는 말은 김연아 어머니를 보고 하는 말인 듯하다. 김연아 선수 어머니는 그저 재능 있는 딸을 따라 다니는 매니저가 아니었다. 본인이 딸에게 도움이 될 수 있도록 최선의 헌신을 하였다.

아이의 자존감은 엄마에 의해서 형성된다. 어떻게 하느냐에 따라 아이의 삶이 달라진다. 평소에 엄마가 어떻게 하여야 할까? 만약 현재 아이가 눈살 찌푸리는 행동을 한다고 남들과 같은 눈빛으로 내 아이를 바라본다면, 그 아이는 자존감이 형성될 수 없을 것이다. 그렇게 한다면 아이는 행복할 수 없을 것이다. 엄마가 아이를 바라보는 눈빛이 따뜻해지면 달라지게 된다. 그리고 엄마는 항상 너를 응원한다고 느끼게 해주어야 한다. 어쩌다 한 번이 아니라 지속적으로 말이다. 모든 아이는 엄마에게 사랑받기를 원한다. 초등학교 때까지는 엄마가 전부이다. 그런 엄마이기에 엄마의 역할이 중요하다. 엄마의 부정적인 눈빛과 말투는 아이의 자존감의 싹을 자르게 된다는 사실을 잊지 말아야 한다. 나 역시 엄마의 지나가는 한숨소리에도 존재감이 쪼그라드는 느낌을 받을 때가 있었다. 그저 엄마가 자신의 일상이 힘들어서 그런 것일 수도 있지만 아이가 보는 것은 단순하다. 엄마의 속사정까지 알 리가 없는 것이다. 그럴 때는 차라리 아이에게 '엄마가 오늘은 힘드네!' 하며 말해주는 것이 좋다. 그리고 아이가 마음에 안 들 때도 있을 것이다. 그럴 때는 싸늘하고 무서운 눈빛보다는 솔직하게 "엄마가 너를 보니 화가 난다. 그 행동은 고쳐주었으면 좋겠어!"라고 말을 해주는 것이다.

어느 날 글이 너무 써지지 않아서 난데없이 딸아이에게 마구 화를 냈다. 원래 글이라는 것이 매일 잘 써지는 것은 아니다. 나는 평소에 딸아이에게 항상 나의 감정을 말로 표현하였다.

"엄마, 글이 안 써지는 날도 있는 거야! 화내지 말고 '오늘은 글이 안 써지네!' 하고 받아들여."

나는 딸아이에게 그 말을 듣는 순간 갑자기 웃음이 나왔다. 매일 내가 해주던 말을 아이가 나에게 하는 것이다. 그 말을 듣고 나는 기분이 전환되었다. 그리고 딸아이를 안으며 "고맙다!"고 했다. 평소하고 다른 엄마를 보니 안타까웠던 것 같다. 아이로 하여금 위로를 받으니 한결 글쓰기가 잘 되었다. 이처럼 평소에 엄마가 하는 대로 아이는 그대로 보여준다. 때로는 자존감이 높아질 때도 낮아질 때도 있다. 하지만 자존감이라는 것을 이해하면 바로 알아차리게 된다. 아이에게 상처를 주어도 빨리 알아차리고 아이를 치유해줄 수 있다.

자존감 낮은 나였지만 항상 나를 발전시키기 위해 노력하였고, 가슴 뛰는 일을 찾아 헤맨 끝에 이렇게 나는 글을 쓰고 있다. 나는 아이들에게 나의 멋진 삶을 보여주고 싶다. 도전하는 삶, 성공자의 삶, 후회하지 않는 삶을 물려주고 싶다. 그리고 말로가 아닌 이렇게 글로 아이들에게 나의 생각을 전하고 싶다!

삶의 철학을 전하는 멋진 엄마가 되어 아이들 인생에 도움을 주고 싶다. 친구 같은 친정엄마, 무한한 사랑을 주신 친정아버지께 자랑스러운 딸이 되고 싶다. 당신도 아이의 멋진 삶을 열어주는 엄마가 되기를 기원한다! 아이는 엄마 하기에 달려 있다!

07

엄마를 보면
아이가 보인다

가정이
인간을 만든다.
- 새뮤얼 스마일스 -

요즘은 아이를 많이 낳아야 두 명 정도이다. 일부러 하나만 낳아 키우는 집도 많다. 그래서인지 온갖 정성을 기울이고 모든 것을 아이에게 다 해주려고 한다. 아이가 원하기도 전에 알아서 다 해준다. 아이는 하얀 도화지와 같다. 어떻게 그리느냐에 따라 천차만별의 결과가 나올 것이다. 외동을 키워도 엄마의 성향에 따라 완전히 다른 아이가 된다. 아이가 한 명이냐, 여러 명이냐의 차이가 아니다. 엄마의 교육관, 가치관, 아이를 대하는 태도로 결정된다.

서연이 엄마는 아이가 하자는 대로 다 해준다. 아이는 늘 징징거리고 안 되면 울기부터 한다. 엄마는 아이의 눈치를 보며 빨리 원하는 것을 해주고 울음을 멈추게 하기 바쁘다. 옆에서 보면 아이의 자립심이 걱정된다. 하지만 항상 "귀한 내 딸!"이라고 말하는 엄마한테, 양육에 대한 피드백을 해주기 쉽지 않다. 더구나 자식 키우는 데 정답은 없다. 때문에 섣불리 말하지는 않지만 안타까울 때가 있다. 말끝마다 "하나밖에 없는 내 딸!"이라고 한다. 때로는 듣기 거북할 때도 있다. 마치 두 명, 세 명인 아이들은 귀하지 않다는 듯이 들릴 때가 있다. 나는 "내 딸도 세상에 하나밖에 없다고!"라고 뼈 있는 말이지만, 농담하듯 말을 하기도 한다. 어떤 아이든 존재 자체가 귀하다는 사실을 알려주고 싶었기 때문이다. 외동이어서 더 귀하다고 생각하기 때문에 아이의 수족이 되어주는 엄마의 모습이 오히려 걱정스러웠다.

같이 있으면 아이의 요구를 들어주느라 정신이 없어 보인다. 아이가 초등학교에 입학하고 매일 운다고 한다. 학교에서는 엄마처럼 해주지 않기 때문에 아이의 마음은 항상 불안했을 것이다. 아이가 귀하지만 엄마는 길잡이 역할만을 해주어야 한다. 마치 하녀처럼 모든 것을 다 해주면 아무것도 못하는 아이가 되기 십상이다. 서연이는 4학년이 되어도 힘들게 학교생활을 한다. 엄마처럼 해주는 사람은 없을 것이다. 엄마가 계속 따라 다니며 해줄 수 있는 것도 한계가 있기 때문이다.

진영이 엄마는 똑같이 외동아들을 두었다. 그런데 진영이는 마치 형제가 많은 가정에서 자란 듯이 보이는 아이었다. 진영이 엄마는 아이의 독립심을 키워주는 것이 가장 중요하다고 말한다. 왜냐면 외동이기 때문에 더욱 신경을 쓴다고 한다. 진영이는 무슨 일을 하더라도 집중을 잘하고 끝까지 해내려고 노력하는 아이었다. 어떻게 아이를 키우느냐가 중요하다고 생각이 든다.

그리고 긍정적인 말을 하는 엄마는 아이 역시 긍정적이었다. 6살 진영이는 그림을 그려서 망치더라도 울지 않는다. 다시 새로 그려서 완성을 시키는 아이였다. 안 된다고 운다든지 낙담하는 것에 에너지를 쓰지 않고 다시 도전하는 긍정적인 아이였다. 다른 아이들이 완성하고 있어서 도와준다고 해도 혼자 하겠다고 한다.

혼자 다 그리고는 아주 뿌듯한 표정으로 자기가 그린 그림을 바라보고 있다. 아이는 참 행복해 보였다. 하지만 진영이 엄마는 아이 혼자 다 해내려고 하는 것을 걱정하기도 했다. 너무 승부욕이 강하고 완벽하려는 것이 걱정된다고 말이다. 완벽한 엄마는 없다. 하지만 더 좋은 엄마가 되려고 노력한다.

"쟤는 밥 먹는 것도 너무 까탈스러워!"
"잠 못 자고 일어나면 집안 분위기가 살벌할 정도야!"

"쟤는 누굴 닮아서 저렇게 게으른지 모르겠어!"

엄마들과 대화를 나누다 보면 아이의 불만을 말하는 경우가 있는데 참 재미있다. 엄마가 평가하는 것이 자신과 똑같기 때문이다. 아이가 까탈스럽다고 말하는 엄마는 자신이 까탈스럽다. 성격이 급하고 덤벙거리는 것이 불만이면 본인도 비슷하기 때문이다. 콩 심은 데 콩 나고 팥 심은 데 팥이 난다. 아이들의 외모, 성격뿐만 아니라 심지어 걷는 모습, 식사 습관 등을 닮는다. 대부분 엄마들은 자신과 닮은 아이의 행동을 보면 화가 난다고 한다.

엄마의 단점을 아이에게서 보게 된다고 한다. 아이의 단점은 엄마나 아빠를 닮아서이기 때문에 당연한 결과이다. 이제는 단점을 보고 불만을 가질 것이 아니라 개선하기 위해 노력하는 것이 바람직하다. 엄마가 긍정적으로 말하는 것부터 시작하면 아이 역시 바뀌게 된다.

나와 딸아이는 얼굴도 닮지 않았고 성격도 다르다. 그런데 딸아이를 보고 "어쩜 엄마랑 이렇게 똑같냐!"는 말을 많이 들었다. 분위기, 말하는 스타일, 표현하는 방법, 얼굴 표정이 닮았다고 한다. 보여지는 모습도 이렇게 닮는데 아이의 성향, 즉 내면은 엄마의 영향을 얼마나 많이 받을까? 한 번씩 나의 모든 것을 아이들이 닮는다고 생각하면 소름이 끼친다. 그래서 더욱 막중한 책임감을 느낀다. 엄마와 아이가 가장 밀접하기 때문이다. 그리고 나 역시 엄마의 영향을 받았다. 아이 키우는 것은 부모의 영향력이 그대로 이어지는 듯하다.

자녀의 본보기라면 우리나라 당대 최고의 어머니인 신사임당이 생각난다. 7남매를 조선 최고의 학자, 예술가로 키웠다. 신사임당이 이렇게 훌륭한 자녀를 길러낼 수 있었던 것은 본인 역시 훌륭한 부모님께 물려받았던 것이다. 신사임당은 딸에게도 글공부를 시키는 집안의 영향으로 그 시대의 다른 여성들과 다를 수 있었다. 신사임당의 자녀 교육을 정리하면 이렇다.

첫째, 스스로 먼저 공부를 하는 모범을 보였다.
둘째, 부모가 함께 교육을 하는 것이다.
셋째, 재능에 맞게 가르치는 것이다.
넷째, 예의 바른 행동이었다.
다섯째, 끈기 있게 기다리는 것이다.

신사임당은 자녀들을 서당에 보내지 않았다고 한다. 현대로 보면 홈스쿨링을 한 것이다. 자녀들의 특성에 따라 눈높이 교육을 하였다. 재능에 맞추어서 가르쳤다고 한다. 신사임당의 남편 역시 성품이 인자하고 열린 사고를 가졌다고 한다. 부모의 성품을 이어받은 자녀들은 모두 인격이 뛰어났다고 한다. 신사임당의 교육은 아이들에만 강요하는 것이 아니라 먼저 모범을 보이는 것을 꼽을 수 있다. 그리고 아이의 잠재력을 끄집어 내어 각자 다른 재능을 발견해주었다. 아이 각자의 속도를 맞추어주었다는 것도 기억해야 할 부분이다.

자녀를 훌륭하게 키운 부모들의 특징은 아이를 존중했다는 것이다. 내 아이를 잘 키우고 싶으면 먼저 인격적으로 대하여야 한다. 그리고 엄마 역시 자신을 돌보고 항상 끊임없이 공부하고 노력해야 한다. 신사임당은 아이들을 가르치기도 하였지만 자신도 끊임없이 배우는 것을 게을리 하지 않았다. 엄마가 자기 계발을 한다든지 노력하는 모습에서 아이들은 자존감을 배우게 되는 것이다. 자존감은 자신을 사랑하는 것이 바탕이 되기 때문이다. 엄마가 자신을 사랑하고 행복한 시간을 갖는 모습을 통해서 아이들도 자연스럽게 배우게 되기 때문이다.

이렇듯 아이는 엄마의 영향을 많이 받는다. 아이를 긍정적이고 명랑한 아이로 키우고 싶으면 긍정적인 말을 해주면 된다. 단점 역시 강점으로 바꿀 수 있는 것이 긍정의 힘이다. 아이의 모습이 곧 나의 모습이라고 생각하자. 그리고 아이에게서 보고 싶은 모습이 있다면 엄마가 그 모습을 하기 위해 노력하여야 한다. 아이들은 스펀지처럼 스며들기 때문에 그대로 배우게 된다. 긍정의 힘은 모든 것을 가능하게 한다. 긍정적인 엄마는 자존감이 높기 때문에 아이에게 행복한 미래를 선물해줄 수 있다. 행복한 엄마가 행복한 아이로 키운다!

08

엄마의 자존감이
아이의 자존감이다

**내일의 모든 꽃은
오늘의 씨앗에 근거한 것이다.**

- 중국 속담 -

결혼을 하고 여자들은 아이를 낳으면 엄마가 된다. 엄마라는 타이틀을 가지게 되는 것이다. 엄마가 되는 순간부터 온통 아이 중심의 일상을 보내게 된다. 정신없이 아이를 기른다. 예전의 생활은 온 데 간 데 없어지고 만다. 적어도 36개월까지는 온전히 아이에게 집중하여야 한다. 그리고 초등학교에 입학하면 또다시 엄마들은 바빠진다. 마치 자신이 학교를 다니는 듯하다. 매일 학교에 가고 학부모 모임으로 바빠진다. 엄마는 자신의 삶은 없고 아이들 중심으로만 생활한다. 유독 우리나라의 엄마들이 자식에게 유별난 거 같다.

영화에서 보면 외국 엄마들은 우리와 많이 다르다는 걸 느낀다. 그들은 자신의 삶이 중심이라는 것이다. 아이와의 관계도 동등한 입장에서 대화를 한다. 아이에게 끌려 다니는 것이 아니라 각자의 인생을 사는 것이다. 엄마 자신을 돌보고 자신에게 집중한다. 자존감이 높은 사람들의 특성인 것이다.

나 역시 아이를 낳고 보니 아이에게만 집중하고 있었다. 첫아이 때는 검정콩을 사서 두유를 만들어 먹이고 두부도 만들었다. 좋다고 하면 아이를 위해 모두 해주었다. 풍욕을 시키고 냉·온욕을 시키고 아이를 위해 반신욕조를 구입했다. 책을 읽어주면 좋다고 하여 책을 쌓아놓고 읽어주었다. 온통 아이만을 위해서 살았다.

아이가 어릴 때는 그것이 행복이라고 생각했다. 하지만 아이가 초등학생만 되어도 친구를 더 찾는다. 아이들은 성장하는데 엄마가 그대로면 곤란해진다. 엄마도 아이와 함께 성장하여야 한다. 엄마는 엄마만의 인생을 들여다보고 가꾸어야 한다.

나는 집을 알아보기 위해 부동산을 방문하였다. 날씬하고 멋진 여자분이 직원으로 있었다. 결혼을 했다고 하는데 몸매가 아주 날씬했다. 나는 '원래 날씬하겠지!' 생각을 하였다. 이런저런 이야기를 나누었다. 내가 둘째를 낳고 살이 빠지지 않는다는 말을 하였다. 그러자 자신도 원래는 살이 많이 찌는 체질이라며 아이 둘을 낳고 몸매를 바로잡기 위해 노력했다고 한다. 아이를 재우고 아파트 20층 계단을 날마다 오르내렸다고 말이다.

결혼을 하지 않은 올드미스인 줄 알았다. 나이도 꽤나 많았는데 아주 젊어 보였다. 나이를 먹어도 늙지 않은 비결은 자기 관리를 철저히 했다는 것을 알게 되었다. 아이들이 엄마가 학교에 오는 것을 너무 좋아한다고 했다. 멋있게 차려입고 학교에 가면 아들은 친구들에게 "너네 엄마 정말 예쁘고 멋있다!"라는 말을 듣는다고 한다. 아이들은 엄마를 자랑하고 싶어서 학교에 오는 것을 환영한다고 한다.

생각해보니 딸아이는 내가 학교 간다고 하면 "오지 마!"라고 할 때도 있다. 마흔 살에 낳아서 반 친구 엄마들보다 나이가 많다. 그래서인지 아이가 '창피한 건가?'라는 생각도 했다. 그런데 그 엄마의 말을 들으니 생각이 바뀌게 되었다. 엄마가 날씬하고 멋지다면 학교에 간다고 할 때 '좋다고 하지 않을까?'라고 말이다. 나는 더 나를 가꾸고 멋진 엄마가 되어야겠다는 생각이 들어 요즘 운동도 열심히 하고 있다.

그 엄마의 표정은 행복했다. 그리고 자신감이 넘친다. 부동산은 아이들이 고학년이 되어 시간제 아르바이트를 한다고 했다. 그 직원 덕분에 부동산 분위기가 한층 고급스럽게 느껴졌다. 잠깐 근무하러 왔지만 누가 보아도 머리끝부터 발끝까지 멋졌기 때문이다. 자신을 사랑하는 것을 느낄 수가 있었다. 자기 자신을 사랑하는 만큼 자존감도 높아진다.

엄마의 자존감은 그대로 아이의 자존감이 된다. 엄마가 행복하기 때문에 아이도 행복할 것이다. 자존감 높은 엄마가 키우는 아이는 행복할 것이다. 자기 자신을 사랑하는 법을 엄마한테 배웠기 때문이다. 그러면 자기 만족감 역시 높다. 그러면 아이는 무엇이든 도전하는 아이가 된다.

이렇듯 엄마는 육아에만 매달려 있는 것이 아니라 자신의 일을 찾아서 해야 한다. 엄마 스스로 해야 할 일이 있으면 아이에게 집착을 하지 않는다. 오직 자식 키우는 것에만 집중하면 안 된다. 그러면 엄마의 이름으로만 살게 된다. 아이에 의해서 자신의 인생이 결정되는 듯한 착각을 하면서 살아간다. 아이의 친구 관계, 성적, 모든 것에 관여하여 얽매이게 된다. 이렇게 되면 엄마의 인생은 없어지고 마는 것이다. 아이에게 지나치게 간섭하게 되면 아이도 엄마도 불행하게 된다. 아이는 아이 인생이라고 생각해야 한다. 한 발짝 뒤로 물러나서 아이를 바라보아야 한다.

그리고 엄마는 엄마의 일을 하여야 한다. 엄마가 해야 할 일이 거창하지 않아도 된다. 가까운 문화센터에 가서 취미생활을 하든 집에서 할 수 있는 일이든 무엇이든 상관없다. 그리고 자기 자신을 꾸미는 것 또한 하여야 한다. 아름답게 가꿀수록 엄마는 자기애가 생기고 행복해진다. 자존감은 엄마에게 행복을 준다. 그 행복이 아이에게 그대로 전달된다. 그행복으로 아이의 자존감 역시 높아진다. 엄마와 아이는 가장 밀접하게 연결되어 있다. 엄마의 감정을 아이가 그대로 느끼게 된다. 엄마는 자신의 일을 찾아야 한다.

나는 글을 쓰게 되면서 비로소 나에게 오롯이 집중하게 되었다. 나만의 시간을 가지게 되었다. 유튜브와 카페도 개설하였고, 블로그도 운영을 한다. 꿈을 가진다는 것은 행복한 일이다. 아이들도 엄마의 꿈을 응원하고 있고, 빨리 책이 출간되기를 기대하고 있다. 딸아이는 나에게 "잘쓰고 있냐?"라고 묻곤 한다. '작가' 엄마라고 하면서 자랑스러워한다. 그런 아이들을 보니 나는 더 행복해진다.

나는 〈권마담TV〉를 통해 엄마의 역할을 더 많이 알게 되었다. 그녀는 "나는 이기주의자가 되기로 결심하고 인생이 모두 변했다!"라고 한다. 엄마가 이기적이 되어야 한다고 한다. 그만큼 엄마가 행복해지기 위해 노력하라는 말이다. 엄마가 행복해야 우리 아이들도 행복할 수 있다고 말이다. 의식을 긍정적이고 행복하게 바꾸어야 한다. 그러면 풍요롭고 멋있는 삶을 가꾸어갈 수 있다고 말이다. 엄마의 중요성을 느끼게 해준다.

권마담 언니는 나의 롤 모델이다. 굉장히 따뜻하고 긍정적이고 멋진 마인드를 가진 매력이 넘치는 분이기 때문이다. 내 삶의 중심은 나여야 한다고 말한다. 나의 행복에 집중하기로 더욱 결심하게 된다.

아이의 긍정은 자존감으로 연결된다. 학교생활, 친구 관계, 학습 등에도 긍정적인 결과를 얻게 된다. 자존감이 높은 아이는 남과 비교해서 자신을 비관하지 않는다. 다른 사람의 평가는 중요하지 않게 된다. 아이는 자신에게 집중하는 아이가 된다.

"물이 반밖에 남지 않았네!"
"물이 반이나 남았네!"

똑같은 상황에서 엄마가 어떻게 말하느냐에 따라 아이에게 그대로 영향을 미친다. 긍정의 생각을 하는 엄마가 되어야 한다. 일상에서 엄마의 생각과 말이 중요하다. 엄마가 긍정적으로 사물을 바라보면 행복해진다. 아이 역시 긍정적으로 된다. 엄마의 인생을 사랑해야 한다. 주도적인 사람이 되어야 한다. 그리고 스스로를 칭찬을 하자. 잘하고 있다고 자신에게 말을 해보자!

지금까지 아이를 위해서 쓴 시간을 이제는 엄마를 위해서 써야 한다.

엄마가 자신의 마음을 알아야 한다. 나는 〈한책협〉을 만나 가슴 뛰는 꿈이 생겼다. 이렇게 책을 쓰면서 나도 이제 아이의 롤 모델이 될 수 있지 않을까 하고 내심 기대도 해본다. 내가 요즘 멋있어 보이기 때문이다. 꿈을 바라보며 살 수 있게 되었다. 행복한 일이다.

엄마는 자신의 일을 찾아야 한다. 엄마가 행복해지면 아이도 행복해진다. 엄마의 인생을 사랑하고 가꿔가면 아이도 자신의 인생을 사랑하고 가꾸어가는 사람이 된다. 엄마의 자존감이 아이의 자존감이 된다!

온 세상을 웃게 한 찰리 채플린

찰리 채플린은 부모님의 이혼 후 어머니와 살게 된다. 뮤직홀에서 공연하는 가수이자 배우였던 어머니를 대신해 다섯 살 때 무대에 선다. 채플린이 무대에서 즐거워하는 모습을 보고 배우의 재능을 가지고 있음을 알게 된다. 어머니는 매일 밤 책을 읽어주었는데, 책속의 캐릭터들의 모습을 직접 연기해 보여주면서 찰리 채플린에게 독특한 배우 교육을 하였다. 또한 항상 "넌 반드시 유명한 배우가 될 거야!"라고 격려를 해주었다. 어머니는 희망과 자부심을 가질 수 있도록 하였다. 이러한 어머니 덕분에 채플린은 배우의 꿈을 가지게 되었다.

어머니는 거리를 지나가는 사람들을 관찰하여 특징을 잡아내어 말해주었다. 관찰하는 법을 배운 덕분에 채플린은 어떤 역할도 연기할 수 있는 최고의 희극 배우가 될 수 있었던 것이다. 항상 어머니와 많은 이야기를 나누었고, 채플린의 장점을 끄집어 내어주고 칭찬을 아끼지 않았다. 여덟 살 되던 해 도살장으로 도망친 양 한 마리가 잡히는 모습을 바라보고 우스꽝스러워 웃었지만, 다시 끌려가는 모습을 보고 슬퍼지는 감정을 느끼게 되었다.

이때 채플린은 세상은 기쁨과 슬픔이 공존한다는 것을 알게 되었다. 이날의 경험은 채플린 영화에 큰 영향을 끼친다. 웃음과 눈물을 표현하는 희극인의 대명사로 사람들에게 희망을 전하는 영화인이 된다. 무성과 유성영화를 넘나들며 관객들에게 웃음뿐 아니라 사회적 메시지를 함께 전하며 큰 업적을 남긴다.

채플린이 살던 환경은 아주 어려운 상황이었다. 하지만 어머니는 비참함에 짓눌려 사는 것이 아니라 채플린에게 항상 귀한 존재라고 느끼게 해주었다. 그가 위대한 영화배우라는 꿈을 이룰 수 있었던 것은 이런 어머니의 끊임없는 관심과 사랑 덕분이었다!

3 장

아이의 자존감은
엄마와의 관계가 결정한다

01

내 아이를 이웃 아이처럼
객관적으로 보라

자녀가 당신에게 요구하는 것은 대부분 자기를 있는 그대로 사랑해달라는 것이지,
온 시간을 바쳐서 자기의 잘잘못을 가려달라는 것이 아니다.

- 빌 에어즈 -

아이가 태어나면 어떻게 하면 잘 키울 수 있을지 나름대로 최선을 다
한다. 정보를 총동원하여 좋은 것을 해주려고 노력한다. 아이가 물어보
면 친절하게 설명해준다. 어느덧 아이는 자란다. 아기 때 친절한 엄마는
어디로 가고 자꾸 불친절한 엄마가 된다.

"엄마가 하지 말랬지?"

"너는 누굴 닮아서 이렇게 말귀를 못 알아들어!"

"네가 그렇지 뭐. 안 봐도 비디오다!"

"너 그렇게 공부 안 하고 나중에 뭐 해먹고 살래?"

"어휴, 너를 가르치다 팍팍 늙겠다, 늙어!"

나도 모르게 이런 말들이 나온다. 지나고 나면 아차 싶지만 당장 감정 조절이 안 된다. 나 역시 어릴 때 엄마가 별 뜻 없이 한 말에 상처가 되었다. 그 말의 영향으로 나의 자존감이 무너지면서 자신감 없는 아이가 되었는데도 말이다. 인간이 망각의 동물이라더니 나 역시 잊어버린 것이다. 엄마가 되면 이렇게 되는 것인지. 아이가 말 안 들으면 잔소리부터 하게 된다. 말로도 하지만 한심하다는 눈빛을 보내기도 한다. 이런 엄마의 무언의 행동이 더 잊지 못할 기억으로 남는다. 자신감이 추락한다. 아이를 잘 키우고자 했던 나는 어디로 가고 아이들에게 상처를 자꾸만 주게 된다.

본격적으로 아이에게 상처를 주는 시기는 초등학교에 입학한 이후부터다. 다른 친구들을 보면서 비교를 하기 시작한다. 비교는 가장 좋지 않은 것이다. 머리로는 알고 있다. 내 아이의 단점만 보인다. 남보다 뒤떨어진다고 느끼게 된다. 옆집 아이는 어쩜 저렇게 재능이 많을까? 저 애 엄마는 참 좋겠다고 생각한다.

딸아이와 친구가 논술학원을 다녔다. 내가 데려다 주어야 해서 우리 집으로 친구가 온다. 과제를 했는지 물어본다. 공책을 펼쳐 보았다. 글을 너무 잘 쓰는 것이다. 내 아이와 비교하게 된다. 나도 모르게 딸아이에게 짜증을 내고 있다. 영문을 모르는 딸이지만 엄마의 기색을 눈치 챈다.

"어쩜 이리 글을 잘 쓰니?"

"대단하다, 정말!"

나도 모르게 감탄을 하고 있다. 그런 엄마를 딸아이는 지켜보고 있다. 더군다나 그 친구는 글짓기 대회에 나가서 크고 작은 상들을 받았다. 나는 속으로 딸아이가 한심스러웠다. 그럴수록 딸아이는 논술 과제를 더 힘들어했다. 주눅이 들어서인지 실력이 늘지 않는다. 나도 모르게 아이를 계속 자신감 없는 아이로 만들고 있었다.

딸아이가 친구 집에 다녀와서는 자기도 친구들을 집으로 초대하고 싶다고 한다. 친구 집에서 떡볶이를 먹었다면서 나에게도 맛있는 간식을 챙겨주라고 한다. 나는 아이들 간식으로 라면에 만두를 넣고 끓여주었다. 아이들은 식탁에서 먹지 않고 책상으로 옮겨서 먹는다고 하는 것이다. 나는 안 된다고 하였지만 이미 들고 가고 있었다.

"엄마, 친구가 라면 그릇을 엎질러버렸어!"

"괜찮니? 라면 국물이 뜨거운데 다치지는 않았어?"

"엄마는 내가 엎었으면 왜 이랬냐고 막 잔소리할 텐데, 친구한테는 아주 친절하시네요. 칫!"

"친구는 손님이잖아?"

친구에게는 친절한 말투로 바뀌게 된다. 딸아이는 엄마가 친구를 대하는 모습을 보고 자신에게 하는 것과 다르다고 느끼게 된다. 당연히 나는 친구와 딸아이가 잘 지냈으면 하는 마음으로 잘해준다. 하지만 딸아이는 그런 엄마 마음을 알 리가 없다. 아이는 다르게 받아들인다. 친구한테 더 잘해주는 것으로만 보게 된다. 자신보다 친구를 더 좋아한다고 판단되어 시샘을 하는 것이다.

내가 "친구는 손님이잖아?"라고 말하고 보니 문득 내 아이를 객관적으로 바라보면 손님처럼 잘 대해주게 되겠다고 생각이 든다. 식탁에서 먹지 않고 다른 장소로 옮기다가 라면을 쏟았다. 내 아이가 그랬다면 한바탕 잔소리가 늘어졌을 것이다. "엄마 말을 들었어야지, 왜 옮겨서 이렇게 일을 만드느냐?"고 말이다. 하지만 친구에게 나는 화도 내지도 않았다. 혹여나 다치지는 않았는지 아이의 상태만 물어본다. 그리고 세심하게 챙기며 불편함이 없었는지부터 살피게 된다. 내 아이처럼 윽박지르고 소리부터 지르지 않는 것이다. 친구는 손님이기 때문에 나도 모르게 존중해주었던 것이다.

내 아이를 이웃 아이처럼 객관적으로 본다면 모든 것을 다르게 보게 될 것이다. 존중해주고 친절해질 것이다. 내 아이를 객관적으로 본다면 이렇게 대할 것이다.

첫째, 인격적으로 대한다.

둘째, 친절하게 말한다.

셋째, 아이의 입장에서 생각한다.

넷째, 장점을 보게 된다.

다섯째, 다그치지 않는다.

이처럼 객관적으로 내 아이를 본다면 아이는 행복해할 것이다. 물론 쉽지 않을지도 모른다. 하지만 연습을 하면 충분히 이런 식으로 보게 될 것이다. 그러면 아이의 자존감은 무럭무럭 자라게 된다. 엄마와 아이는 가장 많은 시간을 함께 보낸다. 엄마에게 많은 것을 배우게 된다. 엄마의 역할이 중요해진다. 아이는 엄마에 의해서 자신의 가치를 알게 된다. 아이에 대해 너무 높은 기대를 하지 않아야 한다. 그리고 다른 아이와 비교를 하지 말자. 객관적으로 바라본다면 단점으로만 보였던 것을 좋은 쪽으로 발전시킬 수 있다. 아이의 숨은 잠재력을 찾아 발휘할 수 있게 도울 수 있다.

"세상에 어려운 일이란 없다. 어렵다는 생각에 사로잡히기 때문에 어려운 것이다. 쉽다고 생각하면 쉬워진다!"

내 아이의 미래를 위한 일이다. 엄마라면 가능할 일이다. 엄마는 아이를 격려하고 응원해야 한다. 처음 아이를 가졌을 때 세상에서 가장 소중한 존재라고 여겼던 감정을 생각하며 지지해주어야 한다. 초등학교만 들어가도 아이는 경쟁과 비교에 시달린다. 내 아이의 지친 마음을 엄마가 어루만져주어야 한다. 어쩌면 내 아이의 자존감을 엄마가 자꾸 쪼그라들게 만들고 있지는 않은가?

　내 아이의 가치를 엄마가 높게 평가하여 자신감을 주어야 한다. 아이는 자신감이 생기고 자존감이 높아지게 되면 행복한 아이로 자란다. 내 아이를 객관적으로 본다면 아이를 재발견할 수 있을 것이다. 멋지게 빛날 내 아이의 미래를 엄마가 도와주자!

02

아이에게
응원과 격려를 잊지 마라

사소한 일도 '잘했다, 잘했다!'라고 칭찬해주면,
칭찬받은 사람은 상상을 초월해서 노력한다.

- 필립 브룩스 -

아이가 태어나면 엄마는 막막하다. 그러나 엄마의 직감으로 아이가 무엇이 필요한지 알게 된다. 아이 때는 모든 것을 울음으로 대신한다. 배가 고파도 울고, 배변을 하여도 울고, 모든 것을 울음으로 신호를 보낸다. 말을 못할 때 엄마들은 아이에게 초집중을 한다. 눈을 맞추고 세상에서 가장 행복한 얼굴로 아이를 바라본다. 세상에서 가장 기쁜 목소리로 아이를 부른다. 그래서 아기 때 표정들은 마치 천사와도 같다고 한다. 아이가 예뻐서 눈을 떼지 못한다. 그렇게 울음으로 모든 것을 표현한 아이가 어느덧 말을 하게 된다. 처음 엄마, 아빠라고 했을 때 부모들은 세상을 다 얻은 듯이 기뻐한다. 그리고 걷고 뛰고 한마디 두 마디 말을 하고 어느덧 문장으로 말을 하게 된다. 아이에게 응원과 격려를 아끼지 않는다. 하지만 이제 아이가 말하고 조금 자라게 되면서 욕심이 생기기 시작한다. 그럴 때 육아서적을 뒤지고 선배 엄마들한테 이런저런 조언을 듣는다. 아이에게 '어떻게 말을 해야 한다!'라든지, '어떻게 하면 아이가 자존감이 높아져서 행복하게 자란다!'라든지 이런 말은 잘 듣지 못한다.

대부분 엄마들은 초등학교만 들어가도 아이의 표정, 감정, 내면의 생각을 보지 못한다. 그렇게까지 필요성을 못 느끼게 되는 것이다. 이때부터가 더욱 아이들의 자존감 형성에 전력을 다해야 할 때이다. 아이들이 중·고등학교에 들어가면 그제야 엄마의 문제점이라든지 아이의 문제가 발견된다. 그럼 그때부터 사춘기라는 이름으로 아이와 단절된다. 하지만 핀란드에서는 사춘기라는 것이 거의 없다고 한다. 왜냐하면 그때그때 아이의 성장에 맞추어서 아이들을 충족시켜주었기 때문이다.

유치원 때부터 아이의 발달 단계에 따라 영어, 한글 교구 등등 이런 것을 구비하는 것이 우선순위가 된다. 정작 아이의 나이에 맞게 자존감이 형성될 수 있도록 키우지는 못한다. 공부를 시키기 시작할 때부터 비교와 경쟁에 시달리게 된다. 북유럽의 아이들은 방학 때 학원이나 특별한 교육을 받는 것이 아니라 충전시간으로 마음껏 자연을 접하고 많은 체험을 한다. 부모와 많은 시간을 보내고 응원과 격려를 받으며 자라기 때문에 자존감이 자연스럽게 형성된다. 행복하기 위해 자신이 무엇을 해야 할지 부모와 많은 대화와 체험으로 알 수 있게 된다. 항상 소통이 되고 의견을 서로 말한다.

먼저 엄마부터 달라져야 한다. 내 아이의 공부보다 내 아이의 행복을 위해 집중해보자. 아기 때 초집중 했듯이 아이를 바라보자. 내 아이의 생각을 알려고 노력해야 한다. 행복을 느끼는 아이는 마음이 행복해진다. 아이가 행복해지면 자신감은 저절로 생기고 하고자 하는 의욕도 생기면서 주도적인 아이가 된다. 자존감을 높이는 방법을 모르면 나를 찾아오면 된다. 카페에 가입하고 컨설팅을 받기를 권한다.

옛날처럼 낳아놓으면 저절로 크는 시대는 아니다. 예전에는 형제가 많았기 때문에 가정이 작은 학교였다. 서로서로 배우며 자라고, 형제자매가 많아 마음이 외롭거나 친구들과 어떻게 지내야 하는지 요즘처럼 걱정할 필요도 없다. 그리고 집에만 오면 같이 놀 형제가 있었고 할머니 할아버지와 함께 사는 경우도 많아 정서적으로도 안정이 되었다. 정말 어울렁 더울렁 잘 자랄 수가 있었다. 가정 속에서 자라면서 자연스럽게 사회를 알게 되었다. 인간관계라든지, 예의라든지, 경쟁심도 생겨 동기부여도 할 수 있었다. 하지만 요즘은 시대가 바뀌었다. 하나 아니면 둘을 낳아서 부모가 아이에게 미치는 영향은 지대하다. 그러기 때문에 예전에 형제자매들이 했었던 것까지 부모의 몫이 되었다.

아이가 집에 오면 대화할 상대는 오로지 엄마 아니면 아빠밖에 없다. 그럴 때 아이에게 집중을 하지 않으면 아이는 누구에게 말을 해야 할까? 제대로 아이에게 집중도 하지 않고 아이의 마음을 알려고 하지 않으면 아이는 좌절감이 생길 것이다.

저절로 자존감이 낮아질 수밖에 없다. 소통하는 법을 모르면 친구들하고 어떻게 지내야 하는지도 모른다. 아이에게 집중하여 말을 들어주고 응원과 격려를 하는 것은 대단히 중요한 일이다. 부모 역할을 제대로 미리 알아야 한다. 그래야 아이를 행복한 성공자로 키울 수가 있다. 아는 만큼 보이고 아는 만큼 아이를 잘 키울 수 있다. 아이가 초등학교에 들어가면 아이의 오감에는 둔해진다. 아이가 학원을 갔는지 안 갔는지, 무엇을 배우고 왔는지 등 오로지 학습이 가장 우선순위가 되기 때문이다. 그러면 아이는 자신이 오로지 공부하는 기계인가, 라고 느끼게 된다.

'엄마는 나의 시험성적에만 관심이 있고 영어 단어 하나 더 잘 아는 것에만 기뻐하는 엄마구나!', '내 마음은 왜 알려고 하지 않을까?'라고 생각을 하게 된다. 아이는 엄마의 격려를 받기를 원한다. 그래서 아이와 대화가 굉장히 중요하다. 표현을 해야 엄마의 사랑을 느낄 수가 있다. 당신도 남편이 말을 건성으로 듣고 속마음을 알려고도 하지 않으면 어떤 기분이 드는가. 섭섭하기도 하고 사랑한다는 표현을 하지 않으니 자꾸 사랑을 확인하고 싶어진다. 아이들은 어리기 때문에 더욱 표현과 관심을 보여줘야 한다.

직장 맘이어서 바쁘더라도 항상 응원하고 있다는 것을 아이가 알게 해주어야 한다. 딸아이 생일파티 때의 일이다. 처음 본 친구였는데 나에게 많은 말을 하는 아이가 있었다. 그리고 생일인 우리 아이보다 더 화려한 원피스를 입고 왔다.

"우와, 네가 오늘 주인공 같다. 옷 정말 예쁘네!"

"옷은 많아요. 거의 원피스만 입어요. 저 어제 방과 후 엄청 가기 싫었어요. 그런데 갔어요!"

"그래? 엄마한테 말해봐, 억지로 가면 싫을 것 같은데?"

"우리 엄마와는 대화할 시간이 없어요. 우리 엄마 직장이 멀어서, 늦게 집에 와서 요즘 엄마 보기 힘들어요. 그래서 학원을 많이 가야 해요!"

"그럼, 아빠와 대화를 하면 어떨까?"

"아빠는 의사여서, 엄마보다 더 얼굴을 못 봐요!"

아이가 첨 본 나에게 자신의 이야기를 왜 많이 하는지 알았다. 그 아이는 누군가에게 관심과 격려를 받고 싶어 했다. 딸아이보다 나에게 더 딱 붙어 다니며 자신의 존재를 알리려고 무진장 애쓰는 모습이 보였다. 그리고 나는 손수 딸아이 생일을 꾸며주었다. 물론 음식도 열심히 준비했다. 그런 모습을 본 그 아이는 또 물어본다.

"그런데 왜 집에서 이렇게 생일파티를 다 준비해요?"

"엄마의 정성을 보여주면 더 기뻐할 거 같아서 집에서 하는 거야!"

"우리 집은 생일 파티 피자집에서 해요. 엄마는 나중에 와서 계산만 하고 가세요!"

"바쁜 엄마가 일부러 오셔서 챙겨주셔서 얼마나 좋으니!"

알고 보니 아이는 학교에 결석하는 날이 많다고 한다. 딸아이에게 "왜 안 오냐?"라고 물으니 아프다고 한다. 부모에게 관심을 받기 위함이 아닌가 생각이 들었다. 내가 본 아이는 건강해 보였기 때문이다. 부모가 사회에서 돈을 열심히 버는 것은 아이들을 잘 키우기 위한 일이다. 정작 아이는 부모의 빈자리를 많이 느끼는 것 같아서 안타까웠다. 아이는 자신에게 관심을 가지고 공감해주는 부모를 원한다. 초등학교 때 형성된 정서가 평생 간다.

돌 전에는 모든 오감을 동원해서 아이의 작은 반응에도 응원하고 격려하였다. 그때 아이를 바라보던 눈빛, 반응, 표정을 기억해서 다시 보여주자. 아이가 성장하여도 바뀌지 말아야 하는 것은 '사랑받고 있구나!'를 느끼게 해주는 것이다. 그럴 때 아이의 자존감이 쑥쑥 자라게 될 것이다. 짧은 시간이어도 아이에게 집중해주면 건강하게 자란다. 아이에게 필요한 것은 엄마의 따뜻한 응원과 격려라는 사실을 잊지 말기 바란다!

03

친구 같은
엄마가 되라

만약 누군가를 당신의 편으로 만들고 싶다면,
먼저 당신이 그의 진정한 친구임을 확신시켜라.

– 에이브러햄 링컨 –

친구 같은 엄마가 되려면 어떻게 해야 할까? 먼저 아이를 존중해야 한다. 아이를 나의 소유물로 생각하면 아이와의 관계는 좋아질 수가 없다. 아기 때부터 초등학교 때까지는 집중적으로 케어해주어야 할 시기이다. 하지만 아이를 내 맘대로 할 수 있다고 생각하면 큰 오산이다. "초등학교 때까지 아이가 너무 순하고 엄마 말 잘 듣는 아이였는데, 중학교에 들어가고부터는 우리 애가 갑자기 왜 저러는지 모르겠어요!" 이렇게 말하는 부모가 많다. 아이와의 관계도 엄마가 어떻게 하느냐에 따라 결정된다.

무조건 복종해야 하고 무조건 엄마 말을 듣는 아이로 키우면 안 된다. 그럼 중·고등학교에 가면 내 아이가 달라졌다고 호소하기 시작한다. 아이를 하나의 인격체로 존중해야 한다. 어릴 때는 부모의 손길이 필요하기 때문에 당연히 가정에도 규칙이 있어야 하고 질서도 있어야 한다. 그 규칙이 있어야 할 때 무엇을 위한 규칙인지를 잘 이해해야 한다. 아이의 행복을 위함인지, 아이를 통제하기 위함인지 똑같은 규칙이어도 아이가 느끼는 감정은 다르기 때문이다.

"빨리 해야지, 지금 뭐 하니?"

"좀 있다가 하면 안 돼요?"

"무슨 소리야. 10분까지 다 해!"

"지금 하기 싫어요!"

"너, 안 되겠다. 회초리 가져와!"

"알았어요. 그냥 할게요."

내가 대구에 살 때 지인 집에 놀러 갔을 때의 일이었다. 아이는 손님이 왔으니 조금 놀고 싶어서 학습지를 나중에 하겠다고 하는 상황이었다. 그런데 엄마는 규칙이니까 당장 지금 하라고 하는 것이다. 내가 옆에 있는데 혼나는 아이는 '얼마나 자존심이 상했을까!' 나도 민망했다. 나 같으면 시간을 조절해서 나중에 한다든지 했을 것이다. 손님이 있는데도 그래야만 하는지 좀 이해가 안 되었다. 아이의 감정을 살피지 않고 막무가내로 하는 것이 안타까웠다. 손님이 있어도 이 정도인데 없다면 어떻게 할지 걱정스러웠다.

그 아이는 결국엔 눈물을 뚝뚝 흘리면서 하기 싫은 학습지를 억울한 표정으로 했다. 나중에 엄마가 저렇게 딸처럼 눈물을 뚝뚝 흘리지 않기를 바랄 뿐이었다. 분명히 그 엄마도 자신의 엄마한테 그렇게 훈육을 받았을 것이다. 친정엄마가 굉장히 엄해서 싫었다고 나에게 했던 말이 생각났다. 부모의 양육을 보고 배운 대로 아이한테 하게 되어 있다. 항상 아이한테는 명령조로 말하고 엄격했다. 취조하듯이 다그친다. 내 아이의 자존감을 엄마가 망치고 있는 것이다. 부모가 공부를 해야 한다. 엄마가 대화법을 알아야 아이가 행복하게 자랄 수 있다.

친구 같은 부모에 대한 반대 의견도 있다. 너무 격의 없게 지내면 아이들이 버릇없게 군다고 말한다. 부모는 부모다워야 한다며 권위를 내세운다. 양육에 정답은 없다. 하지만 우선시 되어야 하는 건 아이의 마음을 읽어주어야 한다는 것이다. 부모라는 이름으로 아이를 함부로 대하는 것이 부모다운 부모라고 볼 수는 없을 것이다. 아이의 기를 꺾는 역할을 부모가 하게 된다. 잠재력의 싹을 자르는 결과로 이어진다. 아이는 부모가 무섭고 어렵다면 속마음을 말할 수 없을 것이다. 친구 같은 부모는 아이를 인격적으로 대하고 마음을 알아주는 부모이다.

문제 해결에 중점을 두지 않고 아이의 자존심을 존중해주고 좋은 관계를 위해 애써야 한다. 아이를 인격체로 존중해주면 문제도 원활히 해결이 된다. 아이가 억울해서 눈물을 흘리는 일이 발생하지 않는다. 아이는 자신의 가치를 엄마를 통해 판단하게 된다. 엄마 역할의 중요성이 여기에 있다. 친구 같은 엄마가 되기 위한 실천법을 알아보자.

첫째, 아이가 사랑받고 있다고 느낄 수 있어야 한다!

엄마의 애정 어린 말 한마디에 아이들은 정서적으로 크게 영향을 받는다. 애정 표현을 감추기 보다는 적극적으로 아이에게 표현할 때 아이와의 친밀감을 높일 수 있다. 잘못을 지적만 하게 되면 아이는 자신에 대한 부정적인 생각을 갖게 되고 속마음을 표현하지 않게 된다. 자존감 역시 낮아진다. 애정 없이 반복되는 잔소리를 할수록 아이는 귀를 닫게 된다. 자신이 사랑받고 있다고 느낄 수 있어야 아이는 마음을 연다.

둘째, 아이의 평소 표정과 행동을 잘 보아야 한다!

불만이 있다는 표현을 아이들은 말보다 표정이나 행동으로 한다. 엄마와의 대화를 피하고 딴짓을 하는 것은 말보다 자신의 마음을 정확하게 표현하는 것이다. 아이의 반항은 무언의 메시지를 알리는 것이라고 알아야 한다. 아이의 의도적인 행동에는 이유가 있다. 갑자기 말을 안 듣고 대화를 피한다면 분명히 엄마에게 불만이 있다. 아이의 마음을 다독이는 대화를 유도하여 속마음을 알아보아야 한다. 아이의 속상한 마음을 알아주고 엄마가 잘못한 일이 있다면 사과도 해야 한다. 아이는 자신이 존중받고 있다고 느낄 때 자존감이 향상되고 마음도 열리게 된다. 아이의 행동을 보고 그냥 지나치면 안 된다.

셋째, 아이와의 대화를 즐기면서 잘 들어주어야 한다!

아이가 무슨 이야기를 하는지 끝까지 잘 들어준다. 그리고 대화의 흐름이 이어질 수 있도록 다시 질문을 한다. 적절한 반응도 해주어야 한다. 이럴 때 아이들은 자신이 사랑받고 있다고 깨닫게 된다. 아이와 대화를 할 때 효과적으로 조언해주는 방법이 있다. 아이를 이해하고 격려해주는 대화를 시작으로 한다. 그리고 조언은 마지막에 짧게 해야 한다. 아이의 마음을 열게 하고 조언을 해줄 때 잘 받아들여질 수 있다.

친구 같은 엄마라고 하면 함부로 해도 되고, 아이가 원하는 것은 다 들어주는 사람이 아니다. 그렇게 인식되게 하는 것은 엄마의 잘못이다. 엄마와 아이의 관계는 편하게 다가갈 수 있는 친밀함이 필요하지만 반드시 적절한 위계질서가 필요하다. 엄마가 권위를 내세워서 따르게 하는 것이 아니라 보호자로서 아이보다 위에 있다는 것을 알게 해주어야 한다. 엄마가 아이를 좋은 방향으로 제시하는 안내자 역할을 해야 한다. 아이가 인식할 수 있도록 하는 것이 중요하다. 친구가 무섭고 어려우면 친해질 수 없다. 친구는 자신의 속마음을 드러내도 괜찮을 수 있는 사람이다. 친구 같은 부모는 언제든지 도와줄 수 있는 사람이라고 인식될 수 있다. 아이의 마음을 알아주기 때문이다. 아이에게 권위보다 신뢰를 주고 따뜻함을 안겨주는 엄마가 되어야 한다. 엄마가 자신의 삶을 열심히 사는 모습을 아이에게 보여준다. 그리고 아이를 공감해주고 믿어주는 엄마가 되어야 한다. 아이에게 친절하되 잘못했을 때는 바로 잡을 수 있는 단호함이 있어야 한다.

현명한 엄마는 아이가 목적지에 닿을 때까지 올바른 길로 갈 수 있도록 인도해주는 길잡이여야 한다. 권위는 아이가 어릴 때에는 받아들여질지 모른다. 하지만 성장하면 권위 있는 엄마에게 반항을 하게 된다. 친구 같은 부모는 아이의 행복을 먼저 생각한다. 올바르게 성장한 아이가 사회를 이끄는 올바른 지도자가 될 수 있다. 권위 있는 부모가 되지 말고 친구 같은 부모가 되자!

04

느린 아이,
느긋하게 기다려주라

기다림을 배워라. 성급함에 휩쓸리지 않을 때 인내의 위대함이 드러난다.
사람은 먼저 자신의 주인이 되어야 한다.

- 필립2세 -

요즘 30년 만에 양준일의 〈리베카〉가 다시 떴다. 광고에도 양준일 씨가 많이 나온다. 이렇게 되리라고 본인도 몰랐을 것이다. 92년도에 처음 등장한 양준일은 너무나도 앞서가는 패션, 지금 봐도 전혀 유행에 뒤떨어지지 않고 세련된 스타일을 갖춘 사람이었다. 노래 역시 지금 들어도 너무 매력적이고 개성 있다. 그런데 시대를 잘 만나야 한다고 했던가. 그 시절에는 처음 보는 캐릭터를 보고 지금과는 다른 반응이었다. 시큰둥하였고 노래도 패션도 사고방식도 이해를 못해서 외면당했다. 하지만 지금은 어떤가, 열광이라고 표현하는 것이 가장 정확한 표현일 것이다. 나는 30년 전부터 좋아했던 가수였는데 이제야 사람들이 알아주는 것이다. 뒤늦게 전성기를 맞이하였다.

TV조선 〈미스터 트롯〉에 나온 사람들이 알고 보니 처음부터 트롯을 한 사람보다 전향을 한 사람이 많았다. 아이돌에서 발라드를 했고 드디어 트롯가수가 되었다. 이들은 얼마나 오랜 세월동안 노력했을까? 하나같이 사연이 없는 사람이 없다. 그 부모님들도 얼마나 속이 탔을까? 하지만 지지하고 응원하였고 힘이 되어주었을 것이다. 그 프로를 보면서 아이의 미래를 함부로 단정을 지으면 안 된다는 생각이 들었다. 앞으로 아이들이 어떻게 될지 알 수가 없다.

기다려주는 부모가 되어야 한다. 모두가 다름을 인정해주어야 한다. 개인적으로 당연히 차이가 있기 마련이다. 아이의 현재 모습만 보면 느린 아이는 속 터지기만 할 것이다. 그렇게 엄마가 생각하고 아이를 바라볼수록 아이는 위축될 것이다. 엄마가 아무 말 하지 않고 그저 한심하다는 듯이 바라만 보아도 아이의 자존감은 점점 낮아질 것이다. 꼭 말로 하지 않아도 아이는 엄마의 눈빛, 표정, 말투, 몸짓을 보고도 감지한다.

나는 초등학교 때 엄마와 버스를 탄 적이 있었다. 차비를 내고 거스름돈을 받아야 하는데, 나는 말을 못 해서 못 받았다. 그런 나를 엄마는 그 큰 눈으로 한심하다는 듯이 바라보았다. 그러면서 엄마가 가서 받아왔다. 그러고는 혼을 내셨다. 야무지지 못하다면서 말이다. 나는 버스 안에서 엄마가 조용히 말하는데도 왠지 창피하고 내가 못나게 느껴졌다.

"난 잘하는 게 없어!"

"내가 할 수 있는 일이 아니야!"

"내가 그렇지 뭐!"

"역시 나는 못할 줄 알았어!"

나도 모르게 이런 마음이 자리 잡았던 것 같다. 나도 자식 키우는 입장에서 아이의 그런 모습을 보면 나도 모르게 상처를 주었을 것 같다. 그런데 예민하지 않으면 그냥 넘어갈 수 있다. 그런데 나는 어렸을 때는 소심하고 예민하였다. 엄마의 한마디에 나의 존재의 가벼움을 느끼면서 자존감이 무너졌다. 엄마의 말은 아이일 때는 굉장히 크게 영향을 받는다. 그래서 순간순간이 참 중요한 것 같다. 아이가 자신을 못났다고 평가하게되면 '내가 하는 게 그렇지. 못할 줄 알았어!'라고 자책한다.

느린 아이는 그대로 그 아이의 속도라고 인정해주고 응원해주어야 한다. 딸아이가 평소에 TV를 보면서 거실을 많이 지저분하게 하는 경우가 있다. 슬라임을 하고 실험을 한다고 이것저것 가져오면 난장판이 된다. 느긋한 편이어서 치우라고 해도 계속 미루기만 한다. 어느 날은 딸아이가 거실을 재빨리 치웠다. 주위를 정리하여 깔끔하게 되었다. 그래서 나는 아이를 칭찬을 해주었다.

"하려고 마음먹으니까 비호처럼 빠르게 치워서 엄청 깨끗해졌네!"

"응, 내가 원래 좀 청소를 잘하는 편이거든!"

아이의 표정은 행복하고 뿌듯해 보였다. 작은 것 같지만 아이는 자신의 행동에 대한 칭찬을 받게 되면 자신감이 생기고 자존감도 쑤욱 올라간다. 작은 것이어도 느린 아이에게 행동에 대한 명확한 칭찬을 진심으로 해주면 효과적이다. 그러면 또 다른 일을 할 때도 빠르게 할 확률이 높아지기 때문이다. 아이가 자신이 가치가 있다고 느끼면 행복해진다. 그래서 기다려주는 것이 중요해진다.

느린 아이를 다른 아이와 같은 속도로 내몰면 아이는 자존감이 높아지기는커녕 더 느린 아이가 된다. 인생을 살아보니 빨리 가는 것보다 내가 가야 할 방향과 내가 무엇을 하고 싶은지 그것을 아는 것이 중요하다. 아이의 미래의 방향을 찾게 되면 조바심을 내지 않을 것이다. 그래서 말하는 것, 생각하는 것도 중요하고 여기다가 목표를 정하는 것이 굉장히 중요하다.

버킷리스트를 적어서 그대로 되었다고 하는 유명인을 많이 볼 수가 있다. 짐 캐리도 자신이 영화배우가 되어서 자신이 받고 싶은 금액을 주머니에 적어서 넣고 다녔다. 5년 뒤에 그 금액 이상을 받는 영화배우가 되었다. 가수 비도 항상 자신의 미래를 적었고, 그대로 그 꿈이 현실에서 이루어졌다. 제대로 된 방향을 정하고 목표를 향해 달려 나갈 때, 반드시 된다고 확신을 하고 나간다면 어떠한 것도 해내는 아이가 될 수 있다.

괴테는 스물두 살에 『파우스트』를 쓰기 시작해서 60년 후 82세에 완성시켰다. 속도보다 끝까지 자신이 정한 길을 가는 것이 중요하다.

작년에 SBS 드라마 〈열혈사제〉를 정말 재미있게 보았다. 드라마에 처음 본 사람들도 많이 나왔는데 캐릭터에 맞게 찰떡같이 연기하였다. 그중에 '장룡' 역을 맡은 음문석 씨는 코믹한 양아치 역할로 얼굴이 알려지게 되었다. 알고 보니 가수 출신이었고 댄서로도 활약하는 다재다능한 사람이었다. 오랜 무명 세월 동안 설움도 겪었다. 뒤늦게 드디어 화제의 주인공이 되었다. 꿈이 있는 사람은 지치지 않는다. 그리고 미래도 불안하지 않다. 자신은 지금도 잘하고 있고 내 꿈은 반드시 될 것이라는 믿음이 있기 때문이다. 먼저 간다고 성공한 인생도 아니다.

이솝 우화에 '토끼와 거북이' 이야기가 나온다. 둘이 달리기 경주를 하는데, 누가 봐도 토끼가 이길 것이라고 생각한다. 승리는 거북이었다. 나는 거북이가 대단한 것 같다. 그리고 자존감이 높은 거북이라고 생각한다. 자신을 믿는 마음으로 시합을 시작하고 묵묵히 자신의 속도로 갔다.

옆에서 누가 뭐라고 해도 자신에게 집중하였다. 긍정의 마인드였던 것이다. 그렇지 않았다면 애초에 시합은 하지 않았을 것이다. 처음부터 지는 게임이라고 생각했다면 이미 마음에서 패배는 결정된 것이기 때문이다. 하지만 거북이는 긍정의 마음으로 한 걸음 한걸음 앞으로 나아갔다.

이렇듯 내 아이의 속도에 맞춰서 가면 되는 것이다. 빨리 가고 느리게 가는 것이 중요한 것이 아니다. 정확한 방향을 향해 나아가야 한다. 자신의 꿈이 있는 아이로 키워야 한다. 꿈이 있는 사람은 어려움도 포기하지 않고 극복해낸다. 긍정적인 마음으로 미래를 보고 나아갈 수 있다.

자존감이 높은 거북이처럼 아이들에게도 자존감 향상에 힘써야 한다. 자신이 원하는 것을 할 수 있는 아이가 행복하고 성공하는 삶을 살아가는 사람이 될 수 있다. 인생에서 느린 것은 실패한 것이 아니다. 느린 아이를 있는 그대로 믿어주고 응원하면 서서히 잠재력을 발휘할 것이다!

마이크로소프트 창업주 빌 게이츠

빌.게이츠는 어려서부터 명석하였다. 수학과 과학에 뛰어난 재능이 있어 컴퓨터로 초등학교 때 프로그램을 만들 정도였다. 하지만 빌 게이츠는 자신이 좋아하는 것에만 뛰어난 집중력을 보였다. 수학 시간 외에는 공상에 잠기거나 장난을 쳐서 선생님에게 혼이 나곤 하였다. 방에 틀어박혀 나오지 않고 사춘기의 반항으로 어머니를 매우 어렵게 했다. 이런 행동을 보고 점잖았던 아버지가 물 잔의 물을 빌의 얼굴에 끼얹은 일화는 매우 유명하다.

그런 아들을 보고 처음에 어머니는 야단을 치고 잔소리를 하였지만 아무런 소용이 없었다. 어머니는 심리학자의 도움으로 아이가 자율적으로 생각하고 판단할 수 있도록 돕는 것으로 자신의 교육 방식을 바꾸게 되었다. 이후 하기 싫어하는 것은 강요하지 않고, 빌 게이츠가 하고 싶어 하는 일을 즐겁게 할 수 있도록 하였다.

빌 게이츠는 독서광이었다. 백과사전을 무섭게 독파하는 집중력을 보여주었다. 빌 게이츠는 무언가에 집중하게 되면, 먹지도 씻지도 자는 것도 잊어버릴 정도였다고 한다. 어머니는 빌의 약점인 사회성을 길러주기 위해 자신이 관여하는 행사에도 참여시켜서 발표할 기회도 만들어 주는 노력을 하였다.

그리고 어머니는 자기 행동에 스스로 책임을 져야 한다는 것을 말해 주었다. 좋아하는 것을 마음껏 하지만 모든 행동에 책임을 질 줄 알아야 한다고 말이다. 또한 저녁 식사 때 가족들은 토론을 즐겁게 항상 하였다고 한다. 상대의 의견을 존중하고 사고를 확장하는 계기가 되었다. 빌 게이츠의 성공 이면에는 자율과 책임을 바탕으로 한 어머니의 교육철학이 있었던 것이다. 어머니는 자신의 생각을 고집하지 않고, 빌 게이츠의 기질에 맞는 교육을 찾아서 잠재능력을 충분히 발휘할 수 있게 해주었다. 이러한 현명한 어머니로 인해 천재 사업가가 탄생될 수 있었던 것이다!

05

우리 아이 오늘을
행복하게 만들어라

행복이란 예전에는 산 자가 죽은 자에게 준다고 믿었고,
지금은 어른이 아이에게 또 아이가 어른에게 준다고 상상하는 상태이다.

– 토머스 사즈 –

지금 시국은 사회적 거리를 두어야 할 만큼 전례 없는 바이러스로 인해 서로 견제를 해야 하는 웃지 못할 상황이다. 이런 바이러스도 전파되지만 행복 바이러스 역시 빠르게 전파된다. 밝고 긍정적인 에너지를 주는 사람 옆에 있으면 나도 모르게 기분이 좋아지고 행복해져 있다. 그대로 전달되기 때문이다. 반면에 인상 쓰고 부정적인 사람 옆에 있으면, 함께 우울해지고 에너지도 다운된다. 하물며 아이들은 엄마와 가장 밀접한 관계이다. 엄마가 행복하면 아이도 행복한 아이가 된다. 거울 같이 닮아 있다.

어릴 때부터 행복을 알고 표현하고 느끼고 살아간다면 어른이 되어서

도 행복한 삶을 살아갈 수 있다. 하지만 막연히 '행복해지고 싶다!'라고 이론으로 안다면, 행복은 자신과 늘 함께 있어도 찾지 못하고 엉뚱한 곳을 찾아 헤매게 된다. 마치 자신의 집에 파랑새가 있는데 다른 곳에서 찾는 것과 같다.

하루하루가 모여서 우리의 인생이 된다. 그런데 미래의 어느 날을 위해 오늘이 불행하다면 얼마나 아이러니한가. 나는 가끔 남편을 보면 참 불쌍해 보일 때가 있었다. 왜냐하면 먼 미래만을 바라보며 살기 때문이다. 물론 미래를 대비해서 노력하는 것은 당연한 일이다. 하지만 현명하게 오늘도 행복하게 만들 줄도 알아야 한다. 20년 동안 남편을 보면 경마장의 말이 생각났다. 경마장의 말은 양쪽 옆을 막는다고 한다. 앞만 보고 달릴 수 있게 하기 위해서이다. 등산을 하는데 정상을 향해서 걸어가는 것은 모두 마찬가지일 것이다. 그런데 같은 곳을 가지만 두 부류로 나뉠 것이다. 한 사람은 오로지 정상을 향해 아무것도 보지도, 들리지도 않는지 주위를 둘러보지도 않고, 오로지 앞을 향해 걸음을 내딛는다. 하지만 다른 한 사람은 나무도 보고, 하늘도 한번 올려다보고, 새소리도 듣고, 시냇물소리도 음미하고, 풀내음도 느끼며 자연을 보고, 앞으로 향하는 사람이 있다. 등산을 왜 하는 것일까? 무조건 정상으로만 가는 것이 목적이라면 고층 아파트 계단을 올라가는 것과 차이가 없을 것이다. 산에 올라가는 이유는 자연을 만끽하고 즐기려고 가는 것이다. 이렇듯 인생을 대하는 자세는 정말 많이 다르다.

남편은 전자이고 나는 후자였기에 둘은 서로가 이해가 되지 않았다. 남편은 나를 보고 사회를 모른다, 안일하다, 현실에 안주해 있다고 하였다. 나는 남편을 보고 인생의 즐거움이라고는 하나도 모르는, 불쌍한 사람이라는 생각이 들어 안타까워했다. 같은 집에 사는데도 이렇게나 각자 생각이 달랐다. 얼마 전 남편이 힘든 일을 겪으면서 자신의 인생에 대해서 본인도 앞만 보고 달렸다고 말한다. 지금이라도 알게 된 것이 너무나 다행스럽다.

자신의 일을 성실이 하면서 열심히 사는 것도 중요하다. 하지만 주객이 전도되면 안 된다. 열심히 사는 이유는 행복해지기 위해서이다. 그런데 오늘이 행복하지 않다면 슬픈 일이다. 많은 사람들은 내가 목표로 하는 일을 달성했을 때부터 행복이 시작된다고 착각하고 사는 것 같았다. 그런데 가만히 들여다보니 그야말로 일중독이었다. 목표가 달성되면 또 다른 목표를 향해 달린다. 또다시 그 목표가 달성될 때까지 나의 행복은 계속 미뤄진다. 그러다 나이가 들어 내 인생을 돌아보면 무엇이 남을까? 지금 가진 것에 감사할 줄 알면서, 행복도 만끽하면서 살아야 한다.

우리는 살아가면서 시행착오를 많이 겪는다. 그러므로 아이들에게 줄 수 있는 최고의 선물은 후회 없는 삶을 살 수 있도록 도와주는 부모가 되어야 한다. 도전이 두려워서 못해본다면 반드시 후회하기 때문이다. 도전할 수 있는 아이로 키우기 위해서는 반드시 아이의 자존감을 높이는 데 최선을 다해야 한다. 예를 들어 아이가 학원을 다녀도 그 속에서 행복감을 느낄 수 있도록 의미를 부여해준다. 뚜렷한 목표가 생기면 행복한 학습이 될 수 있기 때문이다. 한 번 지나간 오늘은 오지 않는다. 아이를 키우는 데 있어서도 우리나라는 왜 이리 유독 학습에만 매여서 하루하루 힘들게 살아가는 구조인지 답답하다. 사회적 분위기가 그렇기 때문이다. 조금 다른 선택을 하면 이상하다고 한다. 하지만 어차피 아이는 부모의 사고방식에 영향을 받기 때문에 행복한 아이로 키우려고 노력하면 그런 아이로 자라게 된다. 엄마가 행복하면 아이도 행복해지기 때문이다.

"고3이 되었으니 이제 정신이 없겠네?"
"아니요, 고2 때부터 준비했어요!"
"아, 정말? 열심히 하는구나!"

열심히 공부한 아이가 원하던 서울대를 가게 되었다. 하지만 학교에 가도 다들 공부만 하고 대학교가 너무 재미가 없다고 한다. 이 아이는 대학을 가기 위해 3년 내내 열심히 공부를 하였다. 막상 들어간 대학이 생각하고 다르다고 허탈해한다. 왜 그러는 것일까? 꿈이 있어서 학교를 간 것이 아니고 서울대 가는 것이 목표였기 때문이다. 요즘 대학을 나와서 취직을 하기 위해 공부하고 막상 들어가보면 자신이 생각한 곳이 아니라며 대기업을 들어가도 얼마 안 다니고 그만두는 사람이 많다고 한다. 그리고 또 공무원 시험공부를 하는 사람을 많이 볼 수 있다.

내가 도대체 무엇이 되고 싶은지 잘 모르는 것이 안타까운 일이다. 직업을 선택하는 기준이 내가 하고 싶고 원하는 꿈이어서 선택하는 것이 아니다. 적성과는 상관없이 일단 돈을 많이 벌 수 있고 안정적이라는 이유가 선택 기준이 되고 있다. 그런데 막상 선택한 직장이 마음에 들지 않아 금방 그만두기도 한다. 자신이 생각했던 직장생활과 거리가 멀어서 그럴 것이다. 하지만 꿈을 이루고 싶어 들어간 직장이라면 아무리 도중에 힘들고 어려워도 견딜 수 있다. 끝까지 버티면서 노력할 것이다. 자신의 꿈을 이루는 과정이 힘들어도 미래의 자신을 생각하면 행복해지기 때문이다.

그중 아이돌, 연기자, 가수, 뮤지컬 배우 등 자신의 꿈을 이루려고 노력하는 그 친구들은 행복하겠다는 생각이 들었다. 각종 서바이벌 경연에서 그들을 보면 왠지 공감도 되고 그들의 절실함이 느껴져서 감동적이다. 수많은 경쟁자가 있고 대부분 소수가 성공할 수 있지만, 포기하지 않고 도전하는 모습에 박수를 보낸다. 자신의 꿈을 위해 도전하는 과정이 얼마나 행복하고 설레고 즐거울지 상상이 되기 때문이다.

나도 지금 나의 미래를 그리면 너무나 행복해진다. 책 쓰기가 쉬운 일
은 아니지만 즐겁게 하고 있다. 나는 모든 면에서 점점 발전해가고 있기
때문에 더욱 행복하다. 못하던 것을 하나하나 해내는 자신에게 박수를
보낸다. 꿈이 없을 때는 절대로 알려고 하지 않았을 분야까지 의욕 넘치
게 도전하고 있다. 빡빡한 일정을 소화해내고 할 일이 많아서 너무나 행
복하다. 앞으로 나는 얼마나 더 멋지고 발전할 것인가를 생각하면 미소
가 절로 지어진다.

세상에 훌륭한 사람은 많지만 행복한 사람은 별로 없다. 어떻게 행복
을 느끼고 행복을 가꾸는 것인지 어릴 때부터 습득이 안 되어서이다, 남
편을 보더라도 열심히 노력하면 행복할 거라고 생각하고 살았다. 행복은
어느 때 어느 날 갑자기 오는 것이 아니라 늘 생활 속에서 행복을 찾을
수 있는 사람이 되어야 한다. 어디서 배울 수 있을까. 엄마가 먼저 행복
하게 생활해야 한다. 그래야만 아이에게도 가르쳐줄 수 있기 때문이다. 엄
마의 생각은 무의식적으로 아이에게 그대로 전달되기 때문이다. 후회 없
는 삶, 행복한 삶을 엄마가 알려주어야 한다. 행복한 엄마가 행복한 아이
로 만든다. 오늘을 행복한 아이로 키울 수 있다!

06

아이와
더 많이 교감하라

성공의 유일한 비결은 다른 사람의 생각을 이해하고,
자신의 입장과 상대방의 입장에서 동시에 사물을 바라볼 줄 아는 능력이다.

- 헨리 포드 -

부처님 즉, 석가모니는 왕족이고 왕자였다. 이름은 고타마 싯다르타이다. 어느 날 싯다르타는 변복을 하고 성 밖으로 나간다. 앞문으로 나가니 사람들이 굶주림에 시달리고 있고, 뒷문으로 나가니 사람들이 죽어나가고 있었다. 왕궁에서만 살던 싯다르타는 깜짝 놀랐다. 그는 자신만 호의호식을 하고 있었다는 사실을 알았기 때문이다. 궁 밖의 삶은 자신이 상상하지 못한 광경이 펼쳐지고 있었다. 한편 어느 남루한 차림의 고승은 행복한 모습이었다.

싯다르타는 삶의 의미를 진지하게 고민하였다. 그리고 수행하던 고승의 모습이 잊히지 않았다. 생로병사가 왜 끊이지 않는지도 알고 싶었다.

왕궁에 있으면 왕이 되어 편하게 살 수 있는데 그의 수행이 시작된 것이다. 싯다르타는 본인이 백성들의 삶과 교감했기 때문에 동고하기로 결심한 것이다. 그의 이런 동고하는 마음으로 수많은 수행을 통해서 깨달음을 얻어 사람들에게 도움을 주게 되었다. 접촉이 없었다면 부처님이 탄생하지 않았을지도 모르겠다.

한 가정에 아이가 태어나면 그 순간 모든 관심은 아이에게 집중이 된다. 특히 엄마는 사소한 아이의 행동에도 모든 신경을 쏟는다. 뒤집기를 하는 날이면 축제 분위기가 되고 여기저기 자랑을 하고 아이에게 칭찬한다. 기어 다니기만 하던 아이가 중심은 잘 잡지 못해 어설프지만 처음으로 걷는다. 세상을 다 가진 듯한 기쁨과 감동이 밀려온다. 한 발 한 발 걸음을 뗄 때마다 아이에게 기쁜 표정으로 "잘한다! 잘한다!" 하면서 응원한다. 매일 안아주고 다독거려준다. 남편은 아이들이 어릴 때는 계곡도 가고 산에도 데리고 다녔다. 초등학교에 들어가고부터는 바쁘다는 이유로 많은 시간을 보내지 못하고 있다.

아이가 3학년 여름방학 때 나와 둘이서 롯데월드와 키자니아를 1박 2일로 갔다. 둘만 가도 아주 즐거웠다. 그런데 둘만 갔기 때문에 계속 함께 놀이기구를 타야 했다. 늦둥이 딸아이를 따라 다니느라 나는 무척 힘이 들었다. 아이와 함께 해서 좋았지만 체력적으로 힘이 들었다. 아이들은 체험한 것을 계속 추억한다. 당시에는 별로 재미있어 하는 것 같지 않았는데도 말이다. 가족 모두 함께 하는 것보다 둘만의 데이트를 해보는 것도 참 좋은 것 같다.

둘만 가면 오롯이 관심을 아이에게만 두고 많은 대화를 할 수 있기 때문이다. 집에서만 보던 아이와 밖에서 보는 아이는 사뭇 다르다. 내 아이의 성장을 한 번 더 느끼는 계기가 된다. 둘만의 데이트는 그만큼 아이에게 충족감을 주고, 아이가 엄마와 함께 했던 모든 것을 기억하고 싶다는 말을 거듭 하게 만들었다. 심지어 점심 메뉴까지도 기억하고 그리워한다. 꼭 그 음식이 먹고 싶어서라기보다는 엄마와의 둘만의 추억을 떠올리는 것이다.

예전에 내가 어릴 때만 해도 대부분 사람들은 공중목욕탕에 갔었다. 나는 2남 1녀 외동딸이어서 엄마와 함께 갔다. 하지만 6학년 때 엄마는 유방암에 걸리셨다. 나는 마지막 가던 날이 생생하게 기억난다. 막연히 슬프고 느낌으로 '이것이 엄마와 오는 마지막 목욕탕이구나!' 하는 생각이 들었다. 한쪽 가슴을 절제하는 수술을 하시게 되면서 나는 목욕탕을 혼자 가야했다. 나는 그때마다 엄마는 못 가는데 나 혼자 목욕탕을 가는 것이 미안했다. 우리 집은 주택이어서 겨울에는 추웠다. 그 추운데서 엄마가 씻는 것이 신경도 쓰였다. 나도 목욕탕에 잘 가지 않고 집에서 씻곤 했다. 엄마에 대한 나의 작은 의리였다. 지금은 거의 아파트 생활을 많이 해서 공중목욕탕에는 가지 않고 샤워를 한다. 찜질방에 많이들 가는데 나는 거기도 잘 가지 않는다. 엄마가 가지 못하는 곳이어서인지 이상하게 나도 잘 가지지 않는다. 요즘은 대부분 집에서 샤워를 한다. 사춘기가 되면 아무리 씻어준다고 해도 절대 사절을 한다. 예전처럼 공중목욕탕 가는 일이 없게 되어 그때의 추억은 쌓지 못한다. 하지만 나는 어릴 때 기억이 고스란히 남아 있다.

요즘은 애완동물을 키우는 것이 유행인 듯, 많이들 키우는 것 같다. 이젠 애완동물 대신 반려동물이라고 한다던가. TV에 나오는 연예인들 중에도 반려견, 반려묘를 키우는 사람이 아주 많다. 한 마리뿐만 아니라 몇 마리씩이나 키우기도 한다. 혼자 사는 사람이 급증하고 있는 시대를 반영하는 듯하다. 혼자 오래 있었던 강아지들은 주인이 와서 자신을 안아주고 놀아주고 예뻐해주기 때문에 짧은 시간이어도 만족하게 된다. 주인 역시 집에 돌아왔을 때 마냥 반겨주는 대상이 있는 것에 자신도 모르게 미소가 저절로 나오고 행복해지기 때문이다. 심지어 반려동물은 주인에 대해 선입견도 없고 그 어떠한 판단도 하지 않는다. 서로의 존재만으로도 있는 그대로의 모습을 반긴다. 어쩌면 사람보다도 강아지가 더 좋을 때가 있을 것이다. 잘잘못을 따지거나 "왜 그랬냐?"고 핀잔을 주지도 않는다.

이렇듯 강아지가 주인을 아무런 조건 없이 그 존재만으로 반겨주고 믿어주듯이 우리 엄마들이 아이한테 이렇게 하여야 한다. 집에 들어온 아이를 안아주면 혹여나 밖에서 힘들었던 시간을 잊게 해준다. 엄마의 사랑을 느끼고 회복이 되면 안정감을 느낀다. 내가 알던 어느 선생님은 아주 자존감이 높고 밝은 사람이었는데, 집에 가면 남편에게 이렇게 요구한다고 한다.

"여보, 나 지금 힘드니까 5분만 가만히 안아줘!"
"알았어, 이리 와!"
"아! 이제 마음이 꽉 차고 충전된 것 같네, 고마워!"

그리고 그 선생님의 딸도 엄마의 이런 모습을 보고 자라서 타지에서 생활하다가 힘들면 집으로 와서 제일 먼저 하는 일이 엄마와 안고 있는 것이라고 한다. 한참을 그러고 나면 아이는 이제 좀 괜찮아졌다고 한다. 아이를 안아주고 나면 엄마가 물어보기도 전에 자신의 이야기를 한다고 한다. 이야기를 하면서 문제가 무엇이었는지도 알게 되어 잘 해결한다고 한다. 나는 처음에 이 말을 듣고는 참 놀라웠다. 정말 현명하다는 생각이 들었다. 누군가가 내 기분을 알아주고 위로해주기를 바라지 않고, 자신이 먼저 요구한다는 것이 굉장히 신선하게 느껴졌다. 그리고 그것이야말로 자신을 진정으로 사랑하는 방법이고, 적극적으로 행복해지는 멋진 일이라는 생각이 들었다. 나는 어릴 때 한 번도 친정엄마가 약한 모습을 보이는 걸 보지 못했다. 먼저 아버지에게 요구하는 것도 본 적이 없었다. 그러니 나 역시 나의 감정을 솔직하게 말하는 것을 잘 몰랐었다. 어떻게 하는지 방법을 몰랐다고 표현하는 것이 정확하다.

우리는 아이나 어른이나 모두 이런 스킨십이 필요하다. 그런 교류를 통해 위로받고 충전을 하는 것이다. 그리고 요구할 수 있다는 것은 그만큼 자존감이 높은 사람이기도 하다. 보통은 "내가 지금 기분이 안 좋으니 좀 안아 달라!" 하는 말은 쉽사리 하기 어려운 말이다. 이런 멋진 어른으로 자라게 하는 것은 엄마가 평소에 자신의 감정을 어떻게 표현하는가에 달려 있다. 아이들은 엄마를 통해서 많은 것을 흡수한다. 아이와 소통하고 교감하는 부모는 아이들에게 힘을 줄 수 있다.

아이들은 엄마의 감정을 통해 자신의 존재감을 느끼고 자존감도 영향을 받는다. 내 아이를 하루에 한 번은 꼭 안아주는 미션을 정하고 수행해보는 것도 좋은 방법일 것이다. 할머니들이 손주를 보고는 엉덩이를 툭툭 치면서 "아이구! 내 강아지!"라고 했을 때 행복해하는 아이의 표정을 떠올려보자! 무한 사랑을 주는 그런 엄마가 되어 아이의 자존감을 다져주는 역할을 하자!

07

결과가 아닌
과정에 초점을 맞추어라

인생은 목표를 이루는 과정이 아니라 그 자체가 소중한 여행일지니,
서투른 자녀 교육보다 과정 자체를 소중하게 생각할 수 있는 훈육을 시키는 것이 더욱 중요하다.

- 키에르 케고르 -

결과가 아닌 과정에 초점을 맞추면 아이와 행복한 관계가 될 것이다.
아이가 5살 때 바로 집 앞 학교 안에 공립유치원이 새로 지어져서 인기가
많았다. 그래서 추첨을 통해서 합격이 되어야 갈 수가 있었다. 6살 때 친
한 엄마와 함께 추첨을 하러 갔는데 둘 다 떨어졌다. 1년 뒤 나는 잊고 있
었는데 7살 때 또 다시 도전해보자고 하여 같이 가서 원서를 넣었다. 추
첨하는 날 나는 사실 기대도 안 하고 있어서 잊고 있었다.

"언니, 왜 안 와?"
"엥, 내가 어딜 가야 하는데."
"오늘 유치원 추첨하는 날이잖아. 빨리 와, 빨리!"

전화를 끊고 나는 허겁지겁 제시간에 겨우 도착하였다. 추첨을 했는데 나는 붙고 그 엄마는 떨어졌다. 붙어도 걱정이었다. 절친인 두 아이가 헤어지게 생겼으니 말이다. 지금이라면 아이가 반대하고 안 간다고 했을 텐데, 그때는 어려서 엄마 말을 당연히 들을 수밖에 없었다. 둘은 따로 생활을 해야 하니 둘 다 힘들어했다. 나는 바로 옆이어서 아침마다 아이를 데리고 유치원까지 데려다 주어야 했다. 나는 딸아이 친구의 빈자리를 채워주기 위해 노력했다.

난 혼자 낯선 곳에 가야 하는 아이를 위해, 즐거운 추억을 남겨주려 노력했다. 아침 등원을 할 때 노래 부르면서 가기, 징검다리 건너기, 햇빛 샤워하기 등 짧은 거리지만 아이와 열심히 놀면서 갔다. 아이는 처음에는 우울해했다. 하지만 나는 유치원에 의무적으로 데려다 주기에 급급하기보다는 가는 동안 즐거움을 느끼게 해주었다. 유치원은 즐거운 곳, 행복한 곳이라고 인식하게 되었고 적응도 아주 잘했다. 아이에게 무조건 엄마가 결정한 것을 따르게만 하고 아이의 마음을 알아주지 않았다면 적응하는 데 많은 어려움을 겪었을 것이다.

다행히도 아이들의 마음을 잘 알아주는 담임 선생님을 만났다. 담임 선생님과의 만남을 통해 아이는 자신의 기량을 맘껏 발휘하게 되었다. 담임 선생님은 매사에 아이들의 입장에서 말을 들어주고 공감해주는 분이었다. 그래서 아이의 지금 현재 상황을 항상 격려해주셨다. "우리 아이가 아직도 한글을 잘 몰라요!" 그렇게 말씀 드리면 "괜찮아요. 요즘 한 글자씩 따라서 쓰고 있어요. 조급해하지 마시고 배우는 즐거움을 아는 아이의 모습을 지켜보세요!"라고 하셨다. 항상 결과가 아닌 과정에 초점을 맞추어 기쁨을 알게 해주셨다.

유치원에서 '늑대와 일곱 마리 아기 염소' 역할극을 할 때 딸아이는 늑대 역할을 했다고 한다. 늑대가 염소들을 먹어서 배가 부른 것을 표현하여야 했다. 딸아이가 갑자기 막 뛰어가서는 인형을 옷 속에 넣어서 큰 배를 표현하였다고 한다. 친구들은 박장대소하며 웃었고, 딸아이는 어느덧 친구들 사이에 개그맨이라고 불렸다. 선생님께서 아이들을 믿어주고 존중해주고 공감해주는 사이에 아이의 자존감이 무럭무럭 자라났다.

나는 큰아이가 중2 때까지는 학교 성적을 중요시했다. 그래서 "이번에는 몇 등을 했으니 다음에는 몇 등을 해보자!"라고 아이 공부를 내가 좌지우지하고 있었다. 자신이 목표를 세우고 자기주도학습이 되어야 성적도 오르고, 모든 것에 능률이 오른다는 사실을 알면서도 부모의 욕심에 결과만을 중요시 하였던 것이다. 아이는 원하지도 않는데 엄마가 앞장서서 계획을 다 세웠다. 『공부의 신』 책을 읽게 하면 아이가 공부를 잘 할 것이라는 기대에 읽으라고 했다. 그리고 공부 캠프를 보내었다. 하지만 아이에게 중요한 것은 공부법이 아니라 어떤 인생을 살고 싶은지를 많은 대화와 체험 속에서 찾게 해주는 것이었다. 부모의 강요와 통제가 가능할 때는 따라주지만 점점 아이는 공부가 지겹고, 어렵고 싫어지기만 한다. 그리고 공부만 강요하고 등수만 관심 있는 부모와는 저절로 단절되어 간다.

보통 첫아이는 많은 사랑을 독차지하여 혜택도 있지만, 초보 부모여서 힘들게도 많이 하는 것 같다. 부모가 시행착오를 겪으면서 키우기 때문에 아이의 마음을 알아차리는 것보다 부모의 정보가 더 우선이 되는 경우가 많았다. 배우는 과정이 행복하다는 것을 경험하여야 새로운 것에도 기꺼이 도전하는 아이로 키울 수 있다.

딸아이는 초1 때 한 달에 한 번, 산으로 가서 활동을 하는 숲탐험대 활동을 했다. 아이는 등산도 하고, 아주 많이 걷고 힘들어도 엄마가 싸준 도시락이 기대가 된다며 즐겁게 참여했다. 아이는 다녀와서는 미주알고주알, 갈 때부터 돌아올 때까지를 상세히 엄마에게 알려주면서 즐거워했다. 나는 포기하지 않고 끝까지 정상에 다녀온 것을 대단하다고 칭찬을 해주었다. 아이는 과정을 즐기고 끈기 있게 하니 성취감도 느끼게 되었다. 때로는 아이가 엄마보다도 더 어른스러울 때도 있었다. 학교에서 현장학습을 다녀오면 피곤해서인지 힘들다고 할 때가 있다.

"오늘은 학원 안 가도 되니 쉬지 그래?"

"엄마, 학교도 가기 싫어도 참고 가야 하는 것처럼, 학원도 그래야 하는 거야!"

"그래? 네가 힘들다고 하니 그렇지!"

"힘들다고 말한 것뿐이야. 학원에 갈 수 있어요. 다녀올게요!"

한 번씩 딸아이를 보면 어른스러워서 놀랍고 대견하다. 평소에 엄마의 자세에 따라 아이들은 반응한다. 결과에 집착하지 않고 과정을 칭찬하고 자신을 존중하는 것을 느끼면 아이는 생각하는 힘이 커진다. 아이의 자존감 형성은 이처럼 생활 속에서 스펀지처럼 스며드는 것이다. SBS〈영재발굴단〉 자문위원이었던 영재들의 멘토 노규식 원장은 말한다.

"평범한 아이들과 비교했을 때 동일한 노력을 들여서 더 우수한 산출물을 만들어내는 아이를 의미합니다. 영재들에겐 2가지 공통점이 있어요. 생각하는 걸 좋아하고, 관심 있는 분야에 열정이 넘치고 끈기 있게 해내죠. 영재라고 해서 처음부터 어려운 문제를 척척 풀어내는 건 아니거든요. 작은 차이를 만들기 위해서 영재들은 며칠이고 그 일에만 매달리죠."

생각하는 힘을 길러줘야 성공하는 아이로 자란다고 말한다. 영재들은 호기심이 많고 독창적이다. 하지만 평범한 아이와 IQ 차이는 별로 나지 않는다고 한다. 타고난 재능보다 어떻게 키우느냐가 더 중요하다고 말한다. 영재 부모들의 특징은 아이가 호기심을 보이면 문제를 스스로 해결하게 한다. 그리고 재미를 느낄 수 있도록 더 많은 관련 자료를 제공해준다. 아이의 관심 분야를 지지하고 더 나아가 확장시켜준다.

아이의 결과에 중점을 두지 않고 끊임없이 생각할 수 있는 환경을 만들어준다. 아이가 아무리 이상한 것에 관심을 보여도 무시하지 않고 믿어준다. 탈무드에서 "신은 모든 곳에 있을 수 없어서 어머니를 보냈다!"라고 한다. 아이의 가능성을 믿어주는 엄마의 역할이 중심에 있다. 이처럼 가정에서 엄마의 자리는 중요하다. 누구에게나 잘할 수 있는 한 가지 재능은 있다고 한다. 영재를 키운 부모들은 모두 아이의 잠재력을 끄집어낼 수 있도록 하였다. 아이들에게 자신에 대한 존중과 믿음을 알게 해주었다. 긍정의 눈으로 바라봐주었다.

아이의 자존감은 성공과 행복의 선택이 아닌 필수 조건이다. 자존감은 어려움을 이겨내는 발판이 된다. 설령 실패하더라도 다시 일어나게 하는 힘이 있다. 아이와 더 많이 소통하고 교감한다면 아이는 더욱 행복한 오늘을 살아갈 수 있다. 내 아이의 꿈이 꽃을 피울 수 있다. 엄마가 아이의 자존감을 키워주어야 한다. 결과가 아닌 과정에 초점을 맞추어라!

08

아이를 믿고
바라봐주라

자신이 어떤 사람이 될지에 대해 의문을 던져라.
그러나 자기 자신에 대해서는 결코 의문 을 던지지 말라.
- 크리스틴느 보비 -

아이를 믿고 바라봐주자. 내가 '기수련'을 해보니 수련하는 게 너무나 좋고, 수련을 지도하는 사범님이나 지원장님들이 멋있어 보였다. 널리 사람들을 이롭게 한다는 취지의 비전이 숭고해 보이기까지 했다. 회원으로 있으며 열심히 수련을 하던 중 백두산 명상 여행을 갔었다. 나는 지도자의 길을 가야 할지, 말아야 할지 그 무렵 고민을 하고 있었을 때였다. 마지막 수련 때 인솔자의 한마디에 나는 지도자의 길로 가기로 마음을 정했었다.

의미 있는 삶과 무의미한 삶에 대해서 말하였다. 나는 순간 '의미 있는 삶을 그동안 찾았는데 내가 가야 할 길이구나!' 하는 생각이 들게 되었다,

그 후 포항으로 돌아와서 부모님께 지도자의 길을 갈 것이라고 선언하였다. 그때 나이가 29살이었다. 부모님은 결혼을 해도 시원찮을 나이에 무슨 뜬금없는 엉뚱한 소리를 하나 생각했을 것이다. 나는 어렸을 때부터 내가 꼭 하고 싶은 일은 어떤 일이 있어도 하는 기질이 있었다. 물론 엄마의 피를 물려받아서 그렇기도 하다. 나는 부모님을 설득하기 시작했다. 아주 황당한 예를 들었다.

"엄마, 우리나라가 어떻게 독립할 수 있었을까요?"

"……."

"독립투사들이 없었다면 독립이 되었겠어요?"

"……."

"나는 널리 사람을 이롭게 하여 좋은 세상을 만들고 싶어서 지도자의 길을 가려고 해요! 그 누가 하는 게 아니라 내가 그렇게 하고 싶어요! 그래서 꼭 허락해주셔야 해요!"

서른이 다 된 딸이 갑자기 생각지도 않았던 폭탄 발언을 한 것이었다. 당연히 부모님들은 황당해하셨다. 하지만 나는 그때 의논을 한 것이 아니라 통보를 하였다. 그리고 누구보다 엄마 덕분에 허락을 받을 수 있었다. 나중에 알고 보니 아버지를 어렵게 설득하셨다고 한다. 나를 믿고 바라봐주신 엄마가 계셔서 나는 생애 잊지 못하는 경험을 할 수 있게 되었다. 못하게 말렸다고 하면 그냥 집을 나왔을 수도 있었을 것이다. 그랬다면 서로 얼마나 상처를 주고받고 힘들었겠는가?

아무리 반대해도 이미 마음에 결정을 확고히 한 것 같아서, 어쩔 수 없이 허락하셨다고 한다. 어떤 일을 결정할 때 확신에 찬 사람은 말릴 길이 없을 것이다. 또 감사한 것은 '너 시집이나 가지 왜 그러니?'라든지, 기분 나쁜 말을 일절 하지 않으시고 오히려 지지해주셨다. 내가 아이를 키우는 입장에서 생각해도 부모님들이 대단하셨던 것 같다.

하지만 보통의 부모님들은 자신이 경험해보지 않은 검증되지 않은 길을 간다면 지지보다는 부정적인 말로 아이의 사기를 꺾는 경우가 많다. 물론 아이가 걱정되고 아이의 판단이 잘못될 수 있다는 불안감으로 그럴 것이다.

"네가 모델이 된다고?"
"모델은 아무나 하는 줄 아니?"

가장 가까운 사람들이 제일 반대하거나 부정적으로 말을 한다. 친구들한테 말을 해도 그렇다. 거기다가 가장 지지해주어야 하는 부모님까지도 그런 말을 한다면 '나는 하지 못할 것 같다!'라고 생각해 포기하는 경우가 많을 것이다. 이때 자존감이 높아서 자신을 사랑하고 자신을 믿는 사람이나, 그 꿈이 확고한 사람이라면 누가 뭐라고 해도 흔들리지 않는다. 하지만 대부분은 어느 누구에게 응원을 받고 "너는 할 수 있어!" 이 한마디를 듣고 싶어 한다. 그때 용기가 생겨서 도전해보려고 한다. 그러기에 아이를 믿어준다면 잠재력을 발휘할 수 있게 된다. 세계적인 톱모델이 될지 아무도 모르는 일이다.

믿음이라는 것은 자존감이 형성되는 기본이다. 아이를 믿어주는 것만큼 아이의 자존감이 높아진다. 딸아이가 4살 때 어린이집을 가야 하는데 햇볕이 쨍쨍 내리는 화창한 날에 난데없이 장화를 신고 간다고 했다.

"장화는 비가 오는 날 신는 건데?"
"엄마, 나는 이 장화가 너무 예뻐서 꼭 신고 가고 싶어!"
"그래? 장화가 예뻐서 신고 싶은 거구나?"
"응, 엄마!"

아이는 아주 뿌듯한 표정으로 씩씩하게 신고 다녀온 기억이 있다. 초등학교 5학년이 된 지금은 신고 가라고 해도 가지 않을 것이다. 때가 되면 스스로 다 알게 된다. 아이가 하고 싶어 하는 일을 경험하게 해주면 스스로 판단하게 된다. 실랑이를 할 필요가 없다. 아이가 그런 행동을 하면 엄마는 자신의 체면을 먼저 생각하게 된다. 엄마의 기준으로는 용납이 되지 않기 때문에 허용하지 않게 된다.

또 이런 일도 있었다. 딸아이 유치원 졸업식을 하는 날이었다. 졸업생들이 나와서 연주도 하고 공연도 한다. 모두가 청록색옷으로 갈아입고 나왔는데 한 아이만 흰색 티를 입고 나오는 것이다. 가만히 보니 딸아이였다. 주위에 엄마들이 수군거린다.

"옷이 없었나 봐요?"
"그러게. 쟤는 왜 옷을 안 입고 나왔지?"
"혼자 옷을 못 입어서 속상하겠다?"

나는 가만히 있어도 되는데 용감하게 "흰 옷 입은 아이가 제 딸이에요. 아마도 저 옷이 마음에 들지 않았나 봐요!" 그렇게 말을 했다. 딸아이다워서 나는 웃음이 나오고 너무나 귀여웠다. 다만 초등학교에 들어가면 '저렇게 이해해주시는 선생님이 계실까?' 하는 생각이 들었다. 학교 적응을 어려워할지도 모르겠다는 생각이 들긴 했다. 아이를 만나서 물어보았다.

"옷이 없었어? 혼자만 다르게 입고 나왔더라?"

"응. 엄마, 난 저 옷이 배꼽이 나와서 너무 싫었어!"

"그랬구나. 선생님한테 말씀드리고 안 입은 거지?"

"응, 선생님도 입기 싫으면 억지로 안 입어도 된다고 하셨어!"

평소에 담임 선생님의 성품을 알기에 너무나 다행이었다. 그 선생님은 아이들의 의견을 항상 존중해주고 아이의 입장에서 생각해주시던 분이셨다. 그래서 나는 졸업하는 게 너무나 섭섭했다. 초등학교 때도 저런 선생님을 만났으면 좋겠다고 생각했다. 왜냐하면 그 선생님과 함께한 1년 동안 우리 아이가 맘껏 기량을 펼쳤고, 발휘했다. 선생님은 아이들을 믿고 바라봐주셨다. 아이들 그대로의 모습을 인정해주시는 것이었다. 그런 선생님과 함께 할 수 있어서 기뻤다.

초등학교에 입학하고 우려했던 것과는 달리 딸아이는 잘 적응했다. 아이들은 믿어주는 대로 성장한다. 아이의 잠재된 능력을 발휘할 수 있도록 기다려주어야 한다. 아이를 믿어주고 존중해주면 아이는 특별해지고 자신의 개성을 살릴 수 있다. 믿어주는 것이 아이의 자존감의 토대가 되고 행복한 아이로 자랄 수 있다는 것을 기억하자!

덴마크가 낳은 최고의 동화 작가 안데르센

안데르센은 가난한 구두 수선공의 아들로 태어났다. 어머니는 안데르센은 특별한 아이라고 자긍심을 늘 심어주려고 했다. 어머니는 아이의 미래를 생각하며 재능을 키워주기 위해 힘썼다. 특히 안데르센이 상상의 나래를 펼칠 수 있도록 많은 이야기를 들려주었다. 숲속으로 가서 자연을 접하게 하여 숲에 얽힌 신화나 구전을 들려주기도 하였다. 어린 시절 어머니의 이야기는 안데르센의 작품에도 지대한 영향을 끼치는 소중한 경험이 되었다. 어머니가 들려준 이야기를 토대로 여러 작품의 배경과 소재가 되었기 때문이다.

안데르센은 어릴 때부터 글쓰기를 좋아했지만 잘 쓰지는 못했다. 공상을 하여 나름대로 열심히 쓴 글을 사람들에게 보여주었지만 모두 반응은 좋지 않았다. 크게 실망한 안데르센은 힘없이 울적해하고 있었다. 어머니는 안데르센에게 꽃을 보여주며 활짝 핀 꽃 옆에 아주 작은 싹이 올라오는 것을 보며 말해주었다. 꽃이 되려면 시간이 걸린다고 용기를 주었다. 반드시 활짝 핀 꽃처럼 될 수 있고 많은 사람들을 기쁘게 해주는 글을 쓸 수 있을 것이라고 격려를 해주었다.

안데르센이 실망을 하고 고난을 느낄 때 어머니가 들려준 말을 되새기며 힘을 내어 꾸준히 작품 활동을 할 수 있는 밑거름이 될 수 있었다. 그가 작가로서 글쓰기를 시작했을 무렵, 문단에서 혹평을 받게 된다. 이 소식을 들은 어머니는 한걸음에 아들을 찾아와 "절대 포기하지 않으면 너는 분명 위대한 작가가 될 것이다!"라고 말하였다. 안데르센이 세계적인 작가가 될 수 있었던 것은 어머니의 끊임없는 격려와 "넌 할 수 있다!"는 응원 때문이었다.

안데르센 어머니는 아이의 현재를 보고 실망하는 것이 아니라 빛나는 미래를 바라보며 크게 꿈을 꿀 수 있도록 해주는 역할을 했다는 것에 주목해야 할 것이다!

4 장

아이의 자존감을
높여주는 엄마의 대화법

01

아이의
눈을 보고 말한다

가장 진실한 지혜는
사랑하는 마음이다.

- 찰스 디킨스 -

아이의 눈을 보고 말하는 것은 아주 중요하다. 말하지 않아도, 느낌으로도 감정이 전달된다. 때론 어떤 말보다 더 강력한 힘을 발휘하기 때문이다. 큰아이가 어렸을 때 2박 3일 일정으로 우리 집에 친척이 놀러온 적이 있었다. 그 언니 아이와 우리 아이는 나이가 거의 비슷했다. 열심히 같이 놀러 다니고 하다 보니 나는 너무 지쳐버렸다. 아무래도 우리 집이고 손님을 치르느라 많이 힘이 든 모양이었다.

지쳐 있던 나는 친척언니 아이를 무심결에 봤다. 나는 내심 '좀 빨리 갔으면!' 이런 마음을 갖고 있을 때였다. 그런데 아이가 나와 눈이 마주치자 얼마 있지 않아 "집에 가자!"고 떼를 쓰는 것이다. 나는 정말 놀랐다. 아이가 나의 눈을 보고 그러는 것에 미안했다. 그때의 기억이 생생하다.

눈은 마음의 창이라고도 한다. 때로는 말하지 않고 눈을 바라봐주는 것만으로도 힘을 줄 수 있다. 학교 공개수업에 가면 아이와 나는 멀리서 눈을 바라보고 서로 의사를 교환한다. 눈을 보면 아이의 마음을 읽을 수가 있다. 딸아이는 공개수업만 되면 엄마를 피하듯이 얼굴을 가리지만 얼굴에는 웃음꽃이 활짝 피어 있다.

아무리 가리려고 해도 눈은 웃고 있다. 그럴 때면 엄마도 행복해진다. '엄마가 응원해! 엄마가 있으니 안심해, 힘내!' 이런 무언의 엄마 속마음을 눈으로 전할 수가 있다. 그래서 공개수업 때는 웬만하면 꼭 가려고 한다. 그때 아이의 행복한 표정이 눈에 선하다. 자신의 존재에 대한 자부심을 느끼게 해줄 수 있으리라 생각한다.

엄마들은 아이가 어릴수록 아이의 눈을 바라보는 시간이 길다. 엄마는 하루에 대부분을 아기의 눈을 바라보며 웃는다. 아기 때는 하루에 몇백 번(약 400번)이나 웃고, 어른이 되면 하루 15번 정도 웃는다고 한다. 참 슬픈 일이다. 엄마도 아기를 키울 때는 아이를 보고 많이 웃는다. 하지만 커갈수록 아이를 보고 웃지 않게 된다. 특히나 초등학교에 들어가면 아이를 보고 웃는 것은 둘째 치고, 아이가 말할 때도 성의 없을 때가 많다.

직장맘이건, 전업주부건 엄마들은 다 바쁘다. 전업주부여도 스케줄이 나름 빡빡하다. 외출하고 돌아온 날이다.

"엄마! 오늘 우리 반에 서경이가 나한테 지우개를 빌려 달라는 거야. 평소에 그 아이가 기분 나쁘게 해서 내가 안 빌려줬더니 그 애가 세상에 나보고 쓰레기라고 말하는 거야. 정말 기분 나빴단 말이다. 정말, 그런데 말이야. 아니 엄마 듣고 있어? 서경이 때문에 너무 기분이 나빴는데, 엄마까지!"

나는 그날따라 너무 바쁜 날이었다. 아침부터 외출할 일이 있어 거의 집안일을 하지 못하고 나갔기 때문에 정신없었다. 딸아이는 집에 오자마자 같은 반 친구가 엄청 기분 나쁘게 해서 속이 상해서 엄마한테 하소연을 하였다. 그런데 엄마는 듣는 둥, 마는 둥 하였다. 말을 하다 말고 자기 방 침대로 들어가서 이불을 뒤집어쓰고 있는 것이다. 나는 아이가 지우개 이야기를 하기에 별거 아닌 걸로 지레짐작하였다. 아이가 화를 내고 들어가니 그제야 나는 아이 방에 들어가게 되었다. "왜 그러냐?"고 관심을 보이고 물어보니 아이는 아무 말도 하지 않았다. 마음이 풀어지는 시간은 겨우 잠자리에 들어서였다. 다시 물어보니 그제야 말을 하였다.

"엄마가 미안해! 말하는 데 집중하지 못해서."

"아까는 정말 화가 났어! 김서경이 나한테 그런 막말을 해서 기분 나빴다고! 그런데 엄마까지 나를 무시하는 것 같았거든."

"그랬겠구나! 그런데 서경이라는 친구는 너한테 왜 그런 거야? 그 친구, 엄마가 혼내줘야겠네! 친구한테 그런 나쁜 말 하는 건 아니잖아. 그리고 너도 기분 나쁠 땐 가만히 있으면 안 돼! 그런 말 하면 나는 기분 나쁘다. 다음부터는 그런 기분 나쁜 말 하지 말라고 말해야 해!"

"응, 내가 내일 가서 말할 거야!"

아이의 말을 진지하게 들어주어야 한다. 아이에게 서경이가 '쓰레기!'라고 했다는 말을 들으니 부모 입장에서 정말 화가 났다. 상식적으로 그런 말을 하는 것 자체가 이해가 되지 않았기 때문이다. 하지만 엄마가 나서면 더 큰 일이 될 수 있다. 일이 크게 확대될 수 있기에 일단 담임 선생님께는 말씀드려서 참고하시게 했다. 그리고 무엇보다 중요한 것은 아이의 의견을 존중해주어야 한다. 딸아이가 그 친구 일을 크게 확대하고 싶어 하지 않았다. 하지만 언제나 엄마는 "너의 편이다!"라고 알게 해주면서 위로해주었다.

엄마들은 자신이 아이한테 말을 할 때 아이가 제대로 보지도 않고, 건성으로 듣고 있다고 생각하면 먼저 화부터 내는 경우가 허다할 것이다. 그러면서 정작 엄마도 아이에게 똑같이 하는 것이다. 이렇듯 내가 바라는 것은 아이도 바란다. 평소에 엄마의 듣는 태도를 아이가 그대로 배운다고 생각하면 된다. 아이가 평소에 하는 행동이 엄마의 모습일 것이다.

아이에게 집중하기 위해서는 어떻게 하여야 할까? 몇 가지를 알아보자!

첫째, 휴대폰 일단 중단하기(인터넷 서핑 또는 급한 용무가 아니면 전화 끊기)
둘째, 읽던 책이나 일을 잠시 멈추기
셋째, 텔레비전, 노트북 잠시 끄고 집중하기

아이의 말을 듣고 난 후 반응도 중요하다. 눈을 쳐다보고 들으며 적절한 대답을 해주어야 한다. 아이가 신나서 말을 할 때는 "그렇구나! 그랬어? 정말? 그래서?" 이런 식으로 물어보면서 아이의 말을 잘 듣고 있다고 느끼게 해주는 것이다. 그리고 아이가 기분이 안 좋아서 말할 때는 "그랬구나! 속상했구나! 엄마라도 화가 났을 것 같네!" 이런 식으로 공감대를 형성해주어야 한다. 아이와 대화를 할 때 아이의 말을 그대로 따라서 해주는 것도 좋다.

"오늘 논술 수업에 새로 온 아이가 왔었어."

"그래? 새로운 아이가 왔었어?"

"어. 그 애는 말이야. 대구에서 이사 왔대!"

"정말? 대구에서 왔대? 그래서?"

"우리도 대구에서 이사 왔잖아. 그래서 더 반가웠어!"

이런 식으로 한 번 더 따라서 말을 해주고 동시에 질문도 하면 아이는 신나서 말을 하게 된다. 질문을 해주면 엄마가 '내 말을 잘 듣고 있구나! 그리고 내 말이 재미있구나! 궁금하구나!' 라고 아이는 생각한다. 엄마가 잘 들어주면 아이는 말하는 것에 자신감이 생긴다. 그리고 자신이 자랑스럽게 느껴지고 자존감이 형성된다. 자존감은 자신이 하는 행동에 대한 다른 사람들의 반응에 따라 크게 달라질 수가 있다.

엄마가 눈을 바라보며 적극적인 반응을 보이지 않고 건성으로 듣고 귀찮아하는 것처럼 느끼면 자신의 존재 역시 하찮게 여긴다. 자존감이 낮아져서 아이는 '나는 잘 하는 것이 없구나!'라고 생각하게 된다. 그러면 아이는 모든 면에서 무기력해진다. 학습 면에서도 배우고자 하는 관심도 의욕도 없다. 친구 사귀는 일에도 자신감이 없어진다. 자존감은 이처럼 모든 것에 연결되어 있다.

자존감이 높은 아이들은 공부의 성취감을 느끼면서 스스로 열심히 하는 아이가 된다. 친구관계에서도 적극적으로 먼저 다가간다. 아이에 자존감 형성은 부모에게 달려 있다. 자존감이 아이의 인생을 좌우한다. 엄마와의 대화 속에서 아이의 자존감을 키울 수 있다. 아이에게 집중하고 사랑스런 눈길로 응시하자!

02

아이의 이야기를
끝까지 들어준다

자신의 소신을 당당하게 밝히면서도 다른 사람의 의견을 귀 기울여 경청하고,
그들이 무엇을 중요하다고 생각하는지 이해하려고 노력해야 한다.

– 린다 피콘 –

이야기를 끝까지 들어준다는 것이 생각보다 쉽지는 않다. 보통 어른들
도 말을 끝까지 들어주지 않아서 서로 얼굴을 붉히는 경우가 많다. 나는
남편이랑 대화를 하면 길게 할 수가 없었다. 경상도 사람들이기도 했고,
서로 성격이 급해서인지 서로 말하면 중간에 끊어버리는 경우가 많아서
점점 대화를 하지 않게 되었다.

KBS2 〈개그콘서트〉 '대화가 필요해' 코너를 보면 씁쓸하였다. 왜냐하
면 '대화가 필요해'인데 대화를 우리 부부보다 훨씬 많이 하는 것이었다.
사람들은 많은 말을 하며 살아가지만 정작 서로 다른 환경 속에 살아온
사람들이 원활한 대화를 한다는 것이 쉬운 일이 아님을 알게 되었다.

내가 어렸을 때 부모님은 대화를 하다가 항상 중간에 싸우셨다. 아버지는 주로 소리를 지르시며 엄마에게 기분 나쁘게 말을 하시곤 했다. 부모님을 보면 아버지가 꼭 잘못한 것 같지만은 않았다. '엄마가 저 말을 저렇게 하지 말았어야 하는데.' 하고 생각할 때도 있다. 하지만 소리 지르기를 하시는 아버지가 항상 잘못한 것 같은 느낌이 들었다. 부모님이 원활한 대화를 하는 것을 거의 본 적이 없었다. 부모님의 대화 속에서 나도 모르게 습득이 되어, 남편과 대화를 하면 나도 모르게 소리부터 지르는 모습을 보았다.

시댁에 있으면 마치 시간이 흐르지 않는 듯한 기분이 든다. 깊은 산속에 있는 '절'에라도 있는 듯한 착각을 할 만큼 분위기가 평화롭고 조용하다. 부모님이 싸우시는 모습도 거의 보지 않고 자란 남편은 처음에 내가 소리 지를 때 '미친 것이 아닌가?'라는 생각까지 들었다고 한다. 나중에 하는 말이었지만 두 집안 분위기가 이렇게나 다르니 남편이 나를 제정신으로 보지 않은 것도 이해가 된다. 남편이 말을 하면 중간에 끼어들어 남편 말이 틀리다고 훈계를 하였다.

그런 다음 말을 하라고 하면 남편은 기분이 나빠져서 말을 중단한다. 그러면 나는 "왜 또 말을 안 하냐?"라고 했다. 이런 식이었는데 무슨 대화가 되겠는가? 대화도 하는 방법을 잘 알아야 한다. 방법을 모르면 어른들도 대화가 이어지지 않는다. 그런데 지금 생각해보면 바로 '존중'이라는 것이 우리 부부에게는 결여되어서인 것 같다. 서로 다르다는 것을 인정하지 못했기 때문이다. 우리 부부에게는 주로 이런 문제가 있었다.

첫째, 말하는 중간에 끼어들기
둘째. 다른 주제로 말 돌리기
셋째, 끝까지 말을 듣지 않기

이렇게 말을 하니 대화가 이어지지 않았던 것이다. '이래서 공부를 해야 하는구나!' 하고 많이 느낀다. 대화가 되지 않는 원인을 모르기 때문에 악순환이 거듭된 것이다. 요즘은 정보시대라고 해서 정보가 넘쳐난다. 말하는 방법, 부모 역할, 자존감 공부를 필수로 공부해야 한다고 생각한다. 관심을 갖는 사람 일부만이 공부를 선택한다. 하지만 부부 관계도 그렇고 아이를 키우는 엄마라면 꾸준히 공부를 해야 한다. 그래야 좋은 방향으로 갈 수가 있다. 나는 남편과 대화가 안 되어서 오히려 지금은 감사하다. 덕분에 계속 공부를 하고 있기 때문이다.

아이와 대화할 때는 더 많은 노력을 해야 한다. 연습이 필요하다. 어릴 때부터 형성된 말하는 습관은 생각보다 쉽게 고치기 어렵다. 아이들을 잘 키우기 위해서는 알아야 한다. 말을 들어주는 것은 아이의 자존감을 높이는 일이다. 초등학교 때 형성된 자존감이 평생을 따라 다닌다는 사실을 기억하고, 엄마라면 반드시 노력해야 한다. 사실 매일 징징거리는 아이의 말을 들어주기란 여간 힘든 게 아니다. 정말 엄마라는 위치가 너무나 힘들 때가 있다. 나 역시 그랬다. 밖에서 화난 일이 있으면 집에 와서는 엄마한테 말했기 때문이다. 내가 시청에 근무할 때 엄마와 나눈 일상적인 대화다.

"엄마. 정말 사무실에 '한 주사'라는 사람 때문에 열 받아 죽겠어요. 시청에 내가 왜 들어가서 이렇게 스트레스를 받고 살아야 하는지 모르겠어요!"
"그래도 참아야지, 화내지 말고 참아봐라!"
"엄마가 들어가라고 해서 그렇잖아요. 진짜 다니기 싫어요!"

지금 생각하니 엄마도 나 때문에 피곤하셨을 것 같다. 매일 불평불만 만하는 소리를 들어주어야 했기 때문이다. 자존감이 낮고 거기다가 부정적이고 다혈질이다. 이런 나의 성격을 다 받아주신 엄마가 있어 오늘에 내가 있는 것 같다. 그래도 성격이 안 좋고 자존감이 낮아서 좋은 점도 있었다. 그 덕분에 자존감 공부를 하고 자신감이 생겼기 때문이다. 세상에는 나쁜 일이 꼭 나쁜 것만은 아니다. 더 좋은 방향으로 이끌어주는 역할도 한다. 많은 노력 끝에 지금은 자존감이 높아지게 되었기 때문이다.

엄마들은 아이가 하는 말을 잘 들어주는 것이 중요하다. 아이는 자신의 마음을 알아주는 사람이 필요하기 때문이다. 아이가 말할 때 잘 듣고 있는지 아이가 느낄 수 있게 해주는 답변을 해야 한다. 항상 엄마의 마음이 정리되고 좋은 상태가 아닐 때도 많다. 엄마의 감정을 빨리 알아차리는 것이 대단히 필요하다. 자칫 엄마의 감정대로 아이를 대하면 아이와 갈등을 피할 수 없게 된다. 엄마의 감정을 컨트롤 할 줄 알아야 아이와 좋은 관계가 될 수 있다. 엄마의 감정이 그대로 아이에게 전달이 되기 때문이다.

자존감 공부한 엄마의 이야기다. 엄마의 한마디가 아이에게 많은 영향이 있다고 알고 있다. 억지로라도 마음을 가다듬고 아이의 말을 듣는다. 뭔가 불만이 잔뜩 있는 아이가 계속 볼멘 목소리로 짜증을 낸다. 엄마는 꾹 참고, 배운 대로 짧게라도 대답을 해주었다.

"응. 그래?"
"정말?"
"그래서?"

그러자 아들은 점점 목소리가 부드러워지고 안정을 찾았다고 한다. 그리고 이야기를 다 듣고 "오늘 엄청 힘들었구나! 그래도 그 친구랑 싸우지 않으려고 참느라 고생했겠다!" 그렇게 말을 해주고 안아주었다. 그러자 아들은 행복한 표정으로 까불거리는 평소 모습으로 돌아간다. 그 엄마는 자존감 공부를 정말 잘했다고 하였다. 공부를 하지 않았다면 평소와 똑같이 말했을 것 같다고 한다. 대충 듣고 빨리 해결해주기 위해 일방적으로 엄마 혼자 "네가 그랬어야 하지, 그랬으면 그 친구가 안 그랬을 거 아니야!"라고 도와준답시고 하는 말이 도리어 아이를 화나게 했을 것이다. 항상 반복되는 일이었다고 한다.

이렇듯 아는 만큼 보이고 아는 만큼 아이와 소통이 되는 것이다. 열심히 듣고 적절한 공감을 해주어야 한다. 아이의 마음을 알아주고 격려해준다. 아이는 자신이 존중을 받는다고 느끼면 자존감이 향상된다. 엄마는 아이의 말을 끝까지 들어주자. 자존감의 기반이 된다는 사실을 잊지 말아야 한다!

03

아이의 말에
적극적으로 공감한다

아이들만이
자신이 무엇을 원하는지 안다.

- 생텍쥐페리 -

결혼하고 남편과 있었던 일이다. 결혼 초에 남남이 만나서 살게 되니 서로를 알아가는 시간이 필요하다. 나는 결혼을 하고 대구에서 살았다. 아는 사람이라곤 남편뿐이었다. 그런데 남편은 그 당시 유난히 공연을 많이 했다. 공연 연습도 새벽에 끝나고 주말이면 서울에 주로 많이 가고 타 지방에도 많이 다녔다. 나는 아이와 단둘이 집에 있는 경우가 많았다. 막말로 유배 생활을 하는 느낌마저 들었다.

주위에는 친정이 가까워서 아이를 봐주는 경우도 많았다. 많이 부러웠다. 한 번씩 혼자 있는 시간이 필요했기 때문이다. 그러나 나는 아이를 혼자 키워야 했다. 그렇게 바쁜 남편은 가정에 소홀할 수밖에 없었다. 나는 차곡차곡 불만이 쌓였다. 평소에 잘 만나지도 못하니 잔소리할 수 있는 시간도 없었던 것이다. 나는 한번 말하면 3~4시간씩 불만을 말했다. 하소연을 하는 것은 공감 받고 싶어서 말을 한 것이다. 다행히 남편은 묵묵히 잘 들어주는 듯했다. 그때 내가 그렇게 말을 잘하는지 알게 되었다. 남편이 말을 못 알아듣는 것 같으면 예시를 들어가며 설득했다. 남편은 화도 안 내고 잘 들었다. 나는 '잘 알아듣고 있는구나!' 생각을 했다. 한참을 들어주더니 남편이 한 말이다.

"알았다!"
"일단 자자!"

나는 기가 막혔다. 몇 시간이나 떠들었는데 몇 마디하고 자는 것이다. 나는 말했으니 알아들었구나 생각했다. 그러나 행동을 보면 전혀 달라지지 않았다. 그 후로도 몇 번 반복되었다. 언제부턴가 나는 남편한테 아무말도 하지 않게 되었다. 나의 말에 알았다고 한 것이 아니라 순간을 모면하려고 했다는 사실을 알았다. 공감은커녕 나의 말을 한쪽 귀로 듣고 한쪽 귀로 흘려보냈던 것이다. 어떻게 사람이 말을 하는데 그렇게 무심할 수 있는지 나는 서러움이 폭발하였다.

완전 무시당한 느낌이었고 '이 사람하고 살아야 하나, 말아야 하나?' 하는 생각까지 들었다. 이처럼 남편이 나의 말에 공감해주지 않으니 절망 감마저 들었다. 자존심이 상했고 자신감마저 없어져서 자존감은 땅에 떨어졌다. 나의 말을 적극적으로 공감해주는 것은 존중받고 있다고 느끼는 것이다. 공감과 존중을 받으면 자존감 역시 형성되는 것이다.

딸아이는 학교에서 있었던 이야기를 엄마에게 하고 있었다. 마침 오빠가 들어와서는 이야기 도중에 끼어들어 말이 중단이 되어버렸다. 딸아이는 엄마가 오빠랑 말을 하니까 화를 내며 방으로 들어가버렸다. 나는 뒤늦게 딸아이 방으로 갔다.

"내가 이야기하고 있는데 오빠하고만 말하면 어떻게 해? 나 오늘 학교에서 짝이 바뀌었는데, 여자들 매일 약 올리는 말썽쟁이란 말이야! 짝이 되어서 안 그래도 기분이 안 좋은데 엄마까지 나를 화나게 하네. 오늘은 너무 기분이 안 좋은 날이야!"

딸아이는 학교와 친구에 대해서 할 말이 많았다. 엄마한테 자신의 마음을 알아주길 바라면서 말을 했을 것이다. 자신의 속상한 마음을 말하려고 했는데 내가 공감은커녕 말도 들어주지 않았던 것이다. 도리어 오빠하고만 말을 하니 더 기분이 나빴을 것이다. 딸아이의 마음을 풀어주려고 노력했다. 딸아이는 엄마에게 자신의 감정을 이해받고 공감해주기를 원했기 때문이다.

"그래서 속상했구나!"

"어, 매일 놀린단 말이야. 짜증나게!"

"그런데 엄마까지 말을 안 들어줘서 더 화가 났네!"

"엄마는 나하고 이야기하고 있었는데 내 말은 듣지 않고 오빠랑 말을 하면 어떻게 해?"

"둘이 같이 말하니 엄마도 정신이 없어서 그랬어. 미안!"

딸아이와 대화를 먼저 마무리하였어야 했다. 아니면 오빠가 급한 일인 것 같으니 먼저 말을 한다고 양해를 구해야 했다. 어른들도 말하고 있는데 누군가 끼어들어서 내 말을 끊어버린다면 얼마나 기분이 나쁘겠는가. 아이의 이야기에 집중해주어야 한다. 아이가 말할 때 엄마가 공감해주면 사랑받고 있고 소중한 존재라고 인식한다. 아이가 말하는 내용이 사소한 것이라도 들어주고 공감해주어야 한다.

아이들은 고민거리가 있으면 엄마한테 위로를 받고 싶어 한다. 아이가 고민을 말할 때 잘 들어주지 않고 건성으로 들으면 안 된다. 엄마에게 속마음을 털어놓으려고 하지 않을 것이다. 엄마는 아이의 말에 공감을 하며 대답을 해주어야 한다. 그러면 아이는 자연스럽게 자신의 이야기를 할 것이다. 이런 대화 속에서 엄마와의 관계는 더욱 좋아지고 아이의 자존감도 높아질 것이다.

딸아이 머리를 집에서 잘라줄 때가 있다. 어릴 때 친정엄마가 나의 머리를 잘라주셨다. 나도 겁 없이 전용가위까지 준비해뒀다. 나는 어릴 때 머리를 길게 기르고 싶었다. 그런데 엄마는 어깨만 넘어가도 나의 의사는 묻지도 않고 머리를 잘라버리는 것이다. 나는 머리를 자를 때마다 울었던 기억이 있다. 엄마의 기준으로는 내 머리가 지저분해 보였는지 모르지만 나는 자존심이 상했다. 강제로 머리를 잘리는 기분이었기 때문이다. 초등학교 때 일인데도 아직까지도 기억이 생생하다. 일제치하 때 단발령이 내려져 일본 사람들한테 머리를 마구 잘리는 모습을 보면 공감이 되기까지 하였다.

그런데 엄마는 오십이 넘은 나에게 아직도 머리 스타일을 말씀하시곤 한다. 그래서 나는 이제는 내 머리 내 맘대로 한다고 말한다. 엄마 눈에는 딸이 더 예쁘게 보이게 하고 싶어서 하는 말일 것이다. 하지만 어릴 때부터 엄마 마음대로 하셨기 때문에 머리에 대한 조언을 해주셔도 별로 달갑지는 않다. 그래서 나는 아이에게 충분히 설명하고 아이의 동의를 구하고 잘라준다. 그러면 본인이 도리어 길면 불편하고 자신은 머리가 짧은 것이 더 어울린다며 기분 좋게 머리를 잘라 달라고 한다. 적어도 아이에게 설명을 하고 의견을 물어보고 공감대를 형성한다면 상처가 되지 않는다. 엄마들이 아이의 의견은 무시하고 일방적인 결정을 내리면 나의 존재가 보잘 것 없다는 생각이 들게 된다. 물론 엄마는 자식을 위한다고 하는 일을 것이다.

하지만 아이의 마음을 공감시키고 무엇이든지 결정을 해야 한다. 그래야 아이의 자존심에 상처를 주지 않는다. 아이는 자존심이 상하면 동시에 자존감이 떨어지기 때문이다. 자신의 존재에 대한 가벼움을 느끼면 자신이 못난 사람이라고 단정 짓게 된다. 아이의 의사를 항상 먼저 물어보아야 한다. 그래야 아이는 엄마에게 존중을 받는다고 느끼면서 자존감이 건강하게 자라기 때문이다. 자존감은 한 번에 향상시켜 줄 수는 없지만 순식간에 뺏을 수는 있다. 그래서 일상에서 꾸준히 자존감을 향상시켜야 한다!

자존감은 엄마와의 관계에서 형성된다. 아이는 공감받기 위해 말을 한다. 엄마가 아이의 말을 잘 들어주면 아이는 사랑받고 있다고 느낄 수 있다. 공감은 아이의 마음을 헤아리는 것이다. 아이의 속마음에 집중하고 경청해주어야 한다. 공감을 받는 아이는 자존감이 높아지기 때문이다. 공감해주는 엄마 역시 뿌듯함을 느낄 수 있다!

04

아이의 이야기를
이해하려고 노력한다

친절한 마음은
이 세상의 가장 강력한 힘이다.

- C. F. 돌 -

아이들이 유아 때는 엄마들이 참 친절하다. 인내심도 많은 것 같다. 똑같은 질문을 끊임없이 하는데도 얼굴 한 번 찌푸리지 않고 말한다.

"엄마, 이게 뭐야?"

"응, 그건 사자야!"

"엄마, 이게 뭐야?"

"음, 사자라고!"

이런 식의 대화를 끊임없이 하는 엄마와 아이를 보았다. 나는 아이의 이름은 기억하지 못해도 그 아이를 보는 순간, "'이게 뭐야?'라고 하던 아이네!" 하고 생각했다. 아이도 대단하지만 끊임없는 반복된 질문에 똑같이 친절하게 이해시키려고 하는 엄마가 더 경이로웠다. 인상 한 번 쓰지 않고 계속 답변을 했기 때문이다. 그리고 '저 아이는 참 행복하겠구나!'라는 생각이 들었다.

그렇게 친절한 엄마가 아이를 초등학교를 보낸 후부터는 아이에 대한 불만을 쏟아낸다. 모든 것이 "너무 느리다!"며 다른 아이와 비교하기 시작한다. 너무 쉬운 것도 "매일 틀린다!"며 한심해한다. 아이가 어렸을 때는 친절한 엄마였는데 학교에만 들어가면 왠지 적군이 되는 듯하다. 아마도 초등학교 때부터 학습에만 너무 치우쳐 있고 아이의 마음을 읽어주지 못하는 경우가 많기 때문이다. 나 역시 그럴 때가 있다.

"엄마, 나 수학이 너무 어려워!"
"엄마가 매일 공부하라고 했어? 안 했어?"
"방과 후 선생님한테도 늦게 푼다고 혼났는데, 엄마까지……."
"네가 열심히 안 하니까 혼나는 거지. 잘하면 혼내겠냐?"

딸아이는 학교에서 선생님한테 꾸중을 듣고 왔다. 딸아이가 엄마는 이해해줄 것이라고 생각하고 말했을 것이다. 그런데 엄마까지도 이해는커녕 혼만 내는 것이다. 아이는 '자신의 마음을 몰라주느냐!'는 표정이다.

아이는 괜히 말했다고 생각하는 듯했다. 나는 딸아이의 수학 관련 얘기 앞에서는 나도 모르게 언성이 높아진다. 아들은 초등학교 때 '수학을 어려워하지 않았는데.'라는 생각이 있기 때문이다. 나도 모르게 자꾸 비교가 되었다. 아이의 감정을 읽어주어야 했다. 나는 다시 말을 한다.

"선생님한테 혼이 나서 속상했구나!"
"응, 엄마 속상해!"
"그래도 끝까지 포기하지 않고 한다고 애썼네, 우리 딸!"
"그러게 말이야, 다음부터는 좀 빨리 풀어야겠어. 아예 문제집을 집에 가져와서 미리 좀 풀어서 가는 게 나을 것 같아. 엄마! 어때 좋은 방법이지?"

아이의 마음부터 이해하려고 해야 한다. 아이들이 엄마한테 말한다는 것은 자신의 마음을 위로받고 싶기 때문이다. 그런데 위로가 아니라 결과에 대한 비난만 하게 되면 아이는 '엄마한테 말해도 소용없어.'라고 생각하게 된다. 그렇게 되면 아이는 엄마한테 말을 하지 않게 된다. 엄마들도 속상한 일이 있으면 누군가가 이해해주고 공감해주길 바라는 것과 같다.

말을 한다고 해서 문제가 해결되는 것은 아니다. 하지만 함께 공감해주고 이해받게 되면 해소되기 때문이다. 그러면 한결 기분도 나아지고 다시 감정도 추스르게 된다. 말을 하다 보면 자신이 한 행동에 대해서 생각을 하게 되고 더불어 해결 방안도 스스로 찾을 수 있게 된다. 아이들도 마찬가지이다. 아이를 이해해주면 자존감이 형성이 된다. 엄마가 위로해주는 것도 배우게 된다.

친정엄마가 둘째 산후 조리로 우리 집에 계실 때 아들과 밥을 먹었다. 아들은 평소에도 나물 반찬을 거의 먹지 않고 고기만 좋아한다. 나는 아들에게 "나물도 좀 먹어라!"라고 말을 했다. 하지만 아이는 말을 듣지 않았다. 그때 외할머니가 "훈아! 너 뽀빠이 알지? 뽀빠이는 야채도 잘 먹고 고기도 잘 먹어서 저렇게 튼튼해진 거야. 그리고 야채에는 비타민이 많이 들어서 몸에도 아주 좋아. 우리 훈이도 한번 먹어볼까?"라고 하자 아이는 입을 크게 벌리고 나물을 먹는 것이다. 그리고 나물을 더 달라고까지 하는 것을 보고 웃었던 기억이 난다.

아이에게는 무조건 먹으라고 하는 것보다 이렇게 상세히 설명을 하고 이해를 시키면서 권유해야 한다. 아이는 단순하다. 외할머니의 친절한 설명으로 아이는 사랑받고 있다고 느끼기 때문이다. 그 뒤로도 외할머니와 있을 때는 아이가 골고루 잘 먹어서 얼굴이 통통해졌다. 이렇듯 먹는 음식도 누가 먹이냐에 따라서 달라진다. 엄마가 어떻게 키우느냐에 따라서 아이와 행복한 육아가 될 수 있고 아니면 괴로운 육아가 될 수도 있는 것이다. 아이의 행복도 아이의 자존감도 엄마의 육아에 의해 결정된다. 아이의 자존감을 키우려고 하면 아이를 이해하려고 노력해야 한다.

　가장 가까운 가족에게 쉽게 상처를 준다. 매일 보는 사이니까 그럴 것이다. 자신도 모르는 사이에 말실수를 하게 된다. 스무 살이 된 아들한테는 자꾸 말이 그냥 막 나가버린다. 다 컸는데 '그걸 모르냐!'는 식으로 "생각을 좀 해봐!", "생각이 있니? 없니?"라고 말도 하게 된다. 그럴 때면 아들은 무척이나 기분 나빠한다. 뒤늦게 나는 미안해한다. 초등학생이든 다 큰 성인이든 대화하는 방법은 달라지면 안 된다. 감정을 이해한다는 관점에서 보면 같은 맥락이다. 하지만 무조건 감정을 읽어준다고 해서 아이 마음대로 하게 내버려두어서는 안 된다. 엄마의 역할은 아이의 마음을 이해해주면서 동시에 아이의 할 일은 하게 해주어야 한다.

　"엄마, 논술 숙제는 놀다가 나중에 하면 안 될까요?"
　"그래? 지금은 놀고 싶은 거야? 그럼 숙제는 몇 시에 하면 좋을까? 네가 정해서 엄마한테 알려줄 거지?"
　"네, 밥 먹기 전 6시에 할게요!"

　아이 스스로 정해서 하게 하고 그 시간에 하지 않으면 다시 알려주어야 한다. 더불어 아이를 이해주는 것과, 아이가 해야 할 일을 적절히 조율할 줄 아는 현명한 엄마가 되어야 한다. 그리고 공감하는 것도 적당히 형식적으로 하면 안 된다. 아이들은 진심이 담긴 공감과 이해를 바란다. 진정성이 느껴지지 않으면 마음이 움직이지 않는다. 아이들은 바로 알아차린다.

엄마는 아이의 말을 잘 이해하고 공감해주어야 한다. 아이는 "널 이해하고 있다!"는 말로 표현해줄 때 자심감이 생기고 더불어 자존감이 형성된다. 자존감은 자신의 존재를 사랑하는 것이다. 그렇기 때문에 자존감은 자신의 환경이나 상황에 따라 변하지 않고 자신을 온전히 지켜내는 힘인 것이다. 새로운 도전에도 당당할 수 있고 문제 해결 능력도 생긴다.

자존감은 아주 소중한 것이다. 엄마의 긍정적인 생각을 통해 자존감 있는 삶을 살아간다면 아이 역시 자존감이라는 최고의 선물을 가질 수 있다. 아이는 내가 책임지고 이끌어가야 한다. 아이의 이야기를 이해하려고 노력하는 속에 신뢰가 쌓이고 건강한 자존감이 자라난다. 행복은 끊임없이 노력해야 한다!

태평양전쟁 미국 최고 사령관 더글러스 맥아더

더글러스 맥아더 장군은 미국에서 태어났다. 그의 어머니는 아들에게 자장가를 불러주는 대신 아들에게 전쟁 영웅담을 들려주며 훌륭한 사람이 되어야 한다고 말하였다. "올바른 일을 하여라! 거짓말을 하지 말고, 말을 많이 하여 품위를 손상시키지 마라! 그리고 늘 조국을 먼저 생각해라!" 어머니는 어린 맥아더에게 이렇게 말했다.

남북전쟁 당시 서로 반대편에 서서 싸우는 사람들의 잘잘못을 논하지 않았고, 양쪽 모두 국가를 위해 목숨을 걸고 싸우는 위대함을 강조하였다. 어린 맥아더는 자연스럽게 훌륭한 사람이 되어야겠다는 꿈이 가지게 되었다. 더불어 국가에 대한 의무를 다해야 한다고 다짐하게 된다.

어머니는 아들에게 "너는 분명 큰일을 하는 훌륭한 사람이 될 거란다!"라고 말해준다. 아들은 어머니의 바람대로 장군이 되기 위해 사관학교에 입학한다. 4년 내내 학교 옆 아들 방이 보이는 곳에 기거하며 아들의 방을 지켜보기까지 한 일화는 유명하다. 맥아더는 어머니의 기대에 부응하기 위해 열심히 공부하여 수석으로 졸업하게 된다. 만약에 아이의 꿈을 심어주지 않고 부모의 강요에 의한 일이었다면, 어머니의 모습에 아이는 기대에 부응하기는커녕 반항심으로 어긋났을 것이다.

맥아더에게는 어릴 때부터 자연스럽게 꿈을 심어주었고, 열성적으로 아들을 뒷바라지한 어머니의 존재가 든든한 버팀목이 되었다. 맥아더는 어머니에게 감사함과 위대함을 동시에 느끼며 존경하였을 것이다. 이처럼 어머니의 신념을 아이에게 납득이 될 수 있도록 이야기해주고 소통을 하는 것이 중요하다. 어느덧 아이의 마음속에 꿈이 자리 잡게 된다, 더불어 "너는 커서 큰일을 할 거야!"라는 어머니의 믿음 속에 아이의 자존감은 형성된다.

아이는 자신의 꿈에 집중하게 되고 최선을 다하는 사람이 된다. 그리하여 성공자의 길을 걷게 되는 것이다. 어머니의 존재는 아이의 미래를 결정짓는 중요한 역할을 하는 것이다!

05

아이에게 엄마의 감정을
정확하게 설명한다

아이는 부모에게 사랑받고 존중받고 있다는
느낌을 가질 때 마음을 연다.

- 스펜서 존슨 -

아이에게 엄마의 감정을 정확하게 설명해야 한다. 아이와 좋은 관계를 위해서는 엄마의 현재 감정을 말해주어야 한다. 엄마가 기분이 좋지 않다고, 일방적으로 인상을 쓰고 있으면 아이의 자존감이 떨어진다. 살벌하고 침울한 분위기 속에서는 건강한 자존감이 형성되지 않는다. 내가 어릴 때도 엄마가 기분이 안 좋아 보이면 그저 느낌으로만 알았다. 엄마의 기분이 풀릴 때까지 눈치를 보면서 말이다. 그때 엄마가 감정을 정확하게 설명하였더라면 나는 엄마의 표정을 보고 불안해하지 않았을 것이다.

"엄마가 오늘은 몸이 안 좋아서 힘들어. 알아서 네 할 일 해라!"

"엄마가 오늘 머리가 복잡한 일이 있어서 기분이 안 좋아. 혼자 좀 있고 싶다!"

"엄마가 오늘 아빠와 다투어서 기분이 안 좋네!"

상황에 따라 이런 식으로 아이에게 설명해주어야 한다. 지금 생각하면 엄마 역시 부부 사이의 문제라든지, 금전적이라든지 많은 일이 있었을 것이다. 일일이 자녀들한테 말할 필요는 없었을 것이다.

하지만 기분이 안 좋은 엄마를 보고 있으면 눈치도 보였지만 왠지 긴장도 되었다. 집안 공기도 어둡고 차가웠다. 왠지 부모님이 나로 인해 '싸우는 건가!'라든지 좋은 생각이 들지 않게 된다. 부모님이 싸우면 온통 머릿속에는 부정적인 생각으로 가득 찼다.

부부 사이가 좋아야 아이들에게도 긍정적인 분위기를 만들어준다. 화목한 가정에서 행복한 아이가 자랄 수 있다. 그럴 때 엄마의 감정을 말해주면 아이는 '자신 때문이 아니구나!' 생각하고 자신에게 집중할 수 있게 된다. 그러면 쓸데없이 눈치보고 걱정하지 않게 된다. 어릴 때부터 자신의 감정을 설명할 수 있는 사람이 되어야 한다. 나 역시 감정 표현하는 방법을 몰랐기에 화난 얼굴로 분위기를 무겁게 만들기도 했었다. 남편한테 요구사항이 있어도 말로 정확하게 표현하지 못했다.

엄마가 자신을 보살펴야 한다. 감정을 정확하게 말해야 하는 것이 중요하다. 엄마가 감정을 표현할 줄 알아야 아이도 그런 사람이 되기 때문이다. 일상에서 말하고 표현하는 방법은 엄마로부터 배우게 된다. 그래서 나는 아이에게도 항상 말하게 되었다. 엄마가 설명해주면 아이도 존중해준다. 부모는 가장 중요한 직업이라고 하는 말이 실감난다. 그만큼 중요한 역할을 하는 것이다. 아이를 어떻게 키우느냐에 따라 아이의 미래가 좌우되기 때문이다. 행복한 아이로 키우고 싶으면 엄마들의 부모 역할 공부는 필수이다.

딸아이는 5살 때부터 엄마가 감정을 표현하는 것을 보고 자랐다. 엄마가 혼자 있는 시간이 필요하다고 하면 알아듣고 귀찮게 하지 않는다. 잠시라도 혼자만의 시간을 보낸다. 기분전환이 되면 아이들과 대화를 한다. 이렇게 하면 아이와 불필요한 갈등이 생기지 않는다. 엄마가 지금 기분이 좋지 않다고 말을 하면 아이들은 일단 엄마의 마음을 알아준다. 아이들은 불안해하지 않고 엄마를 기다려준다. 딸아이는 엄마가 하는 것을 그대로 똑같이 한다.

"엄마? 나 지금 기분이 좋지 않아!"

"왜? 기분이 안 좋아?"

"엄마가 아까 친구가 만든 거 보고는 잘했다고 하면서 내 꺼 보고는 이상한 표정을 짓고 잘 했다고 말하지도 않았잖아. 나도 열심히 만들었다구! 그래서 기분이 나빠졌어. 빨리 사과해줘."

"그랬어? 엄마가 몰랐네. 사실 네가 만든 건 글루건이 너무 표시가 나서 나도 모르게 이상한 표정이었나 보네. 기분 나빴다면 미안해. 그리고 만드느라 애썼네. 너도 잘 만들었어. 조금만 글루건을 덜 사용하면 더 깔끔할 것 같네!"

5살 딸아이와 13살 아들은 받아들이는 것이 확실히 다르다. 딸아이는 어릴 때부터 나를 보고 배워서 엄마처럼 말한다. 하지만 아들은 6학년 때부터 나의 바뀐 마인드를 접해서 그런지, 받아들이는 속도가 달랐다. 그래도 자신의 의견을 솔직하게 말한다. 아들은 별로 사춘기 없이 무난히 지나온 것 같다. 인간관계에서 중요한 것은 서로의 마음을 아는 것이다.

아이들이 느끼는 감정을 말할 수 있도록 가르쳐야 한다. 엄마가 감정을 표현하는 것을 보고 배운다. 평소에 서로 할 말을 하면 부딪치지 않는다. 감정은 쌓아두면 언젠가 폭발한다. 아이들이 중고등학교에 가서 부모와 갈등이 생기는 이유가 할 말을 하지 못해서이다. 그리고 사춘기 때 결국은 폭발을 하는 것이다. 감정을 표현하는 것을 배워야 한다. 학교생활, 직장생활, 결혼생활, 인간관계 등 모든 관계는 사람과 사람이 함께한다. 건강한 관계가 되기 위한 가장 중요한 것이 자신의 감정을 표현하는 것이다. 특히 우리나라 정서는 자신의 감정을 표현하는 것은 마치 '이기적이다!'라고 인식되어 있다.

나는 한때 탄수화물을 줄이고자 떡이나 면 종류를 먹지 않았다. 그런데 연세 드신 분이 억지로 입에 떡을 넣으려고 할 때가 있었다. 정말 화가 날 지경이었다. 도무지 상대의 의견은 무시하는 기분이 들었기 때문이다. 상대를 생각한다고 하지만 오히려 불편하게 하는 경우가 있다. 자신의 생각을 너무 남에게 강요한다. 인정이라는 이름으로 자신의 생각을 고집하고 의견을 무시하는 건 아니다. 불쾌한 일이 될 수 있다.

미국이나 유럽 사람들은 개인주의라고 하지만 오히려 더 예의가 있다. 자신을 존중하는 만큼 타인도 존중하기 때문이다. 자신의 생각을 남에게 억지로 강요하지 않는다. 다른 사람의 생각을 잘 들어주지만 결코 강요는 하지 않는다.

엄마가 아이를 위한다고 지나치게 권유하는 것도 때로는 부담으로 다가온다. 지나친 친절은 오히려 관계만 나빠진다. 서로 솔직하게 표현할 때 아이와 좋은 관계가 될 수 있다. 딸아이는 친구와도 자신의 감정을 정확하게 표현한다.

"너, 왜 그렇게 표정이 안 좋니?"

"야, 너 아까 나한테 큰 소리로 인상 쓰면서 말했잖아? 그러니까 내가 기분이 안 좋지. 다음부터는 조용히 좀 말해줘!"

"아, 그래? 기분 나빴다면 미안해. 나는 네가 자꾸 못 들어서 큰소리로 말한 건데 말이야!"

"그래도 너무 인상 쓰니까 기분이 나빴거든!"

정확한 감정표현을 하기 때문에 빠르게 관계가 회복이 된다. 그리고 감정이 쌓이지 않는다. 어릴 때부터 엄마와 감정을 표현하는 대화를 하게 되면 사회생활도 잘 할 수 있게 된다. 사람들의 관계에서 적절한 표현으로 오해가 생기지 않는다. 그리고 쓸데없는 감정 낭비를 하지 않게 된다. 자존감을 높여야 솔직한 감정표현을 할 수 있게 된다. 자존감이 높은 사람은 타인의 시선에서 자유롭다. 자신의 감정에 충실할 수 있기 때문이다.

엄마가 아이의 감정을 더 잘 이해하려고 노력하자! 아이는 엄마에게 존중받는 느낌이 들고 자존감도 쑥쑥 올라간다. 엄마의 표현 방법은 아이의 일생에 영향을 끼친다. 자신도 모르는 사이에 습득되기 때문이다. 엄마가 감정을 정확하게 설명하면 아이 역시 자신의 감정을 설명하는 아이로 자라게 된다!

06

아이에게 칭찬은
자세하게 말한다

잘못하고 있는 순간을 잡아내면 사람들은 방어적이 되고 변명합니다.
반면에 잘하고 있는 순간을 포착하면 긍정적인 면이 강화됩니다.

– 존 맥스웰 –

칭찬은 고래도 춤추게 한다고 한다. 엄마들도 아이에게 칭찬을 해야한다고 알고 있다. 그런데 오히려 칭찬이 독이 된다고도 한다. 이런 경우 엄마들은 헷갈린다. 그래서 칭찬을 하려다가 망설여질 때가 있다. 칭찬도 올바른 칭찬은 따로 있다. 똑같은 상황에서 어떻게 칭찬하느냐에 따라 아이에게 미치는 영향은 차이가 난다.

"우와! 우리 아들, 역시 머리가 좋다니까!"
"하하, 내가 머리가 좋긴 하지!"

나는 그때 칭찬을 한다고 했는데 잘못된 칭찬인지 몰랐다. 그때 그렇게 말한 것이 오히려 아이에게 독이 되었다는 사실을 고등학교에 들어가면서 알게 되었다. 자신은 공부에 소질이 없다고 말을 하는 것이다. 1학년 때 시험 성적을 보고는 크게 실망을 하였다. 그러면서 공부는 소질 있는 아이가 따로 있다고 하는 것이다.

공부를 해보지도 않고 그런 말은 하는 아들을 보니, 그제야 나의 잘못된 칭찬으로 열심히 노력하지 않는 아이가 된 것이다. 해보기도 전에 미리 포기하는 것이다. 고등학교 공부는 열심히 하지 않으면 성적이 나오지 않는다. 초등학교 때 성적이 좋았을 때, 과정을 칭찬하여야 하는데 지능을 칭찬하였기 때문이다. 올바른 칭찬은 이런 식으로 하여야 했다.

"우와! 우리 아들, 열심히 노력하더니 좋은 성적을 받았구나!"
"하하, 제가 좀 열심히 노력했죠!"

이렇게 칭찬을 받았다면 아이는 계속 노력하는 아이가 되었을 것이다. 이처럼 칭찬은 올바르게 하는 것이 굉장히 중요하다. 과정을 자세하게 말하는 것이다. 만약에 아이가 종이접기에서 만들어 온 것을 엄마한테 보여줄 때 어떻게 말해야 하겠는가?

"이야! 멋지다!" (X)

"이야! 이렇게 만든다고 우리 딸이 엄청 노력했구나. 멋지다!" (O)

이런 식으로 아이에게 칭찬은 자세하게 말해주는 것이다. 구체적으로 말하는 것이 중요하다. 모호한 칭찬은 자신이 무엇을 잘했는지 모르게 된다. 이때 말로만 하는 것이 아니라 아이가 만들어온 작품을 이리저리 잘 살피며 정성껏 보며 칭찬해야 한다. 아이가 어릴수록 즉시 칭찬해주는 것이 무엇보다 중요하다. 아이는 엄마에게 자랑하기 위해 신나게 들고 왔는데 반응이 늦다면 이내 실망을 할 수도 있다. 그리고 칭찬이 잘 생각나지 않을 때도 있을 것이다. 우리는 올바른 칭찬을 해보지 않았기 때문에 연습이 필요하다. 생각이 나지 않을 때는 일단 감탄사부터 말해보자. "이야, 우와, 잘했어." 등의 표현을 하고 엄마의 생각과 감정을 표현하는 것이다. 아이에게 칭찬할 방법을 알게 되면 사소한 것도 칭찬해줄 것이 많아진다. 자세하게 칭찬을 받으면 아이는 자신의 행동에 대한 자긍심이 생기고 이와 더불어 자존감이 쑥쑥 자라게 된다.

"목욕을 혼자 깨끗하게 하다니, 엄마는 우리 딸이 자랑스럽다. 혼자 목욕을 다하고 이제 다 컸네!"
"신발을 혼자 신을 수 있다니, 우리 아들 최곤데!"
"멋진 아들, 간식을 가져다주니까 동생이 좋아하는구나!"
"우리 딸 최고네. 알아서 척척 이도 잘 닦고, 어디 잘 닦았는지 엄마가 한번 볼까? 반짝반짝 빛이 나네!"

"멋진 아들! 수저를 놓아주니까 엄마가 한결 수월해졌어. 고마워!"

"이제는 혼자서 심부름도 척척 잘하는구나. 용감한 우리 딸 멋지다!"

타고난 능력을 칭찬하기보다 현재의 행동에 대한 자세한 칭찬이 아이에게 결과에 대한 부담을 주지 않는다. 앞 장에서 나의 얼굴에 대한 말을 기억할 것이다. 예쁘다는 얼굴에 대한 칭찬으로 얼굴 여드름 약을 발라서 얼굴이 망가졌을 때의 좌절감은 이루 말할 수 없었다. 내가 만약 평소에 나의 얼굴에 대해 칭찬을 받은 것이 아니라, 나의 어떤 행동에 대한 칭찬을 받고 자랐다면 그처럼 나의 얼굴로 인한 실망과 충격으로 오랜 시간 방황하지 않았을 것이다.

이처럼 칭찬이 오히려 독이 되는 경우가 있다. 그러므로 아이가 지금 현재 잘하고 있는 행동에 대한 칭찬이 중요하다. 행동의 대한 과정을 칭찬하면 자신의 행동에 관심을 가지고 노력하게 된다. 자존감 높은 사람은 자신이 열심히 노력하는 과정을 인정하고 더욱 발전시키려고 한다. 아이들에게 진심이 담긴 칭찬이 필요한 것이다. 만약 내 아이는 도저히 칭찬을 찾을 수 없다고 말할 수도 있다. 이런 경우는 엄마가 아이에 대한 평가를 까다롭게 한다고 생각하여야 한다. 못하는 것만 보이기 때문이다. 엄마는 내 아이가 잘 되게 하기 위해 단점을 지적하게 된다. 그런데 오히려 아이는 엄마의 지적으로 더욱 자신감이 없어진다. 그러면 아이와 사이가 나빠지기만 하는 경우가 많다.

그렇다면 방법을 달리해야 한다. 아이가 학교에서 돌아왔을 때 가방을 던지고 양말도 아무 곳에 던진다면 칭찬할 것이 없지 않은가? 그런데 오자마자 손을 씻는다면 이때 아이에게 칭찬을 해줄 수 있다.

"엄마가 시키지도 않았는데, 알아서 손도 척척 잘 씻네? 멋진데!"

이런 식으로 칭찬을 찾아서 해주면 아이는 더 칭찬을 받기 위해 노력을 한다. 그리고 칭찬을 하려고 마음을 먹는다면 사소하게 여겨지는 일도 칭찬할 거리이다. 무사히 건강하게 학교에 잘 다녀온 것 자체가 감사하고 칭찬할 일이다.

"이렇게 건강하게 학교생활 잘하고 와줘서 엄마는 기뻐!"

요즘처럼 코로나19로 평범한 일상이 그립고 감사하게 생각되는 이때가 아닌가? 모든 것은 마음먹기에 달려 있다. 내 아이에게 칭찬거리를 찾으려고 노력한다면 얼마든지 있다는 것을 알았으면 한다. 이렇듯 매일 칭찬을 받고 자라게 되는 아이는 자신의 존재감 자체가 자랑스러울 것이다. 중요한 사람이라고 인식되는 것은 일상에서 느끼게 되기 때문이다.

칭찬하는 방법에는 말로 자세히 해주는 것도 있지만 내 아이가 좋아하는 행동으로 해줘도 좋다. 아이의 행동을 보며 "멋지다!"며 엄지척 올려주어도 아이는 기뻐한다. 그리고 안아주는 것은 누구나 좋아한다. 아이를 매일 한 번씩 안아주는 방법은 아주 좋다. 아이뿐만 아니라 남편도 하루에 한 번이라도 안아주면 어떨까? 아침에 안아주면 직장에 나갈 때 힘이 나고 기분도 좋아질 것이다. 그리고 퇴근했을 때 안아준다면 하루 동안 수고했고 애썼다는 격려와 위로가 될 것이다. 서로서로 칭찬하고 적절한 스킨십이 삶을 풍요롭게 하고 행복을 전하는 최고의 방법이 된다.

아이에게 칭찬은 결과를 중심으로 하는 것이 아니라 과정을 칭찬하는 것이 중요하다. 노력한 것에 대한 칭찬을 하는 것이다. 그럴 때 아이는 비록 어려운 문제에 맞닥뜨려도 다시 노력해야겠다고 생각하는 긍정의 힘이 생긴다. 아이에게 결과보다는 과정을 즐기고 행복해질 수 있다는 것을 엄마가 알려주는 역할을 해야 한다. 내 아이에게 미래에 돈을 물려주는 것보다 삶의 질을 높여줄 수 있는 방법, 자신을 사랑할 수 있는 방법을 알려주어야 한다. 풍요로운 인생이 될 수 있는 것은 칭찬의 힘이다. 하루에 한 번 이상은 내 아이에게 진정성 있게 칭찬을 하는 것을 실천해보자. 아이에게 칭찬은 자세하게 말해야 한다! 꼭 기억하기 바란다!

07

아이를 동등한 입장에서 존중해준다

자기에게 이로울 때만 남에게 친절하고 어질게 대하지 말라.
지혜로운 사람은 이해관계를 떠나 누구에게나 친절하고 어진 마음으로 대한다.

- 파스칼 -

아이를 자신의 소유물로 생각하지 말아야 한다. 아이를 맘대로 지배해도 된다고 생각하면 안 된다. 링컨은 "누구도 본인의 동의 없이 남을 지배할 만큼 훌륭하지는 않다!"고 한다. 권위적인 부모와 사는 아이는 얼굴에 감정이 없다. 행복하게 보이지 않는 것은 당연하다. 생동감이 없어 보인다. 특히나 부모가 모두 엄하다면 아이는 반드시 사춘기 때 어긋나게 되어 있다. 그러므로 아빠가 엄하면 엄마가 아이 편이 되어주어야 한다. 보통 권위적인 부모는 아이와 친구처럼 지낸다는 것은 버릇없는 아이로 키운다고 착각한다. 부모가 엄하게 할수록 아이의 속마음에는 불만이 가득 쌓인다. 그런 부모는 자신이 아이를 잘 키운다고 착각하고 다른 사람들을 보고 비난한다. 아이를 엄하게 키우지 않으면 버릇이 없어진다면서 말이다. 정작 자신의 아이의 마음은 제대로 모른다.

아들이 초등학교 때 일이다. 새 학기가 되면 학부모 모임을 많이 한다. 모임에 가면 유독 말이 많은 사람들이 있다. 이미 서로 아는 엄마들이 왔을 경우이다. 그때 한 엄마가 자신을 아이들이 다 무서워한다고 자랑하듯이 말을 한다. 자신의 아들 친구들이 말이다. 군기반장이라면서 떠들어 댄다. 나는 학교 도서 도우미를 하며 쉬는 시간에 아이들을 많이 보게 되었다. 어느 날 군기반장 엄마의 아들이 왔다. 그런데 다른 아이들에 비해 표정이 어둡고 감정이 없어 보였다. 까불거리면서 다니는 아들 속에 유독 그 아이가 눈에 띄었다. 나는 아이에게 슬쩍 물어보았다.

"너 오늘 무슨 안 좋은 일이 있었니? 왜 그렇게 기분이 안 좋아 보이니?"

"네, 엄마가 이것도 하지 마라, 저것도 하지 말라고 해서요. 친구들이랑 놀지도 말고 학원에 가라고 해요. 학교 끝나고 친구들은 축구를 하거든요. 학원 늦게 가도 안 된대요. 그래서 재미있는 일이 하나도 없어요!"

"그래서 너 속상했구나?"

"네, 엄마는 매일 여동생만 예뻐하고 나한테는 공부만 하라고 해요!"

이 아이는 초등학교 4학년밖에 안 되었는데 벌써 공부에 대한 생각이 중·고등학생이나 할 법한 말을 했다. 나중에 또 모임에서 그 엄마를 만났는데도 여전히 자신은 엄하게 키우는 것이 좋다고 떠들어 댄다. 아이는 엄마 앞에서는 아직은 어려서 아무런 반응을 하지 않지만, 어딘가 불만이 많아 보이는 얼굴로 있다. 그리고 아이에게 하는 말은 명령하듯이 아이의 기를 팍팍 죽이면서 말을 한다. 나는 아이의 속마음을 알고 있어서인지 그 아이가 슬퍼보였다.

아이가 초등학교 4학년만 되어도 대화를 나눌 때 '벌써 어른보다 더 깊은 사고를 하는구나.' 하고 느끼는 순간들이 많아진다. 부모라는 이름으로 아이를 자신이 맘대로 할 수 있는 존재로 생각해서는 안 된다. 부모는 그저 아이를 보호하는 존재이지 지배하는 존재가 아님을 알아야 한다. 독립된 인격체로 아이를 대해야 한다. 아이의 인격을 존중하며 친구처럼 동등하게 대하면 아이는 엄마와 스스럼없이 속마음을 말하는 아이가 된다. 비밀이 없어지게 된다.

MBC 〈공부가 머니?〉 프로그램을 가끔씩 본다. 부모가 아이를 대하는 방식에 따라 아이들의 모습이 천차만별이었다. 내가 본 방송은 딸 3명과 아빠가 유독 친한 집이었다. 고등학생, 대학생이어도 스킨십이 자연스럽고 정말 친구 같은 사이다. 아이들마다 개성을 인정해주었다. 열려 있는 사고로 아이들은 건강하게 자존감이 형성되어 있었다. '참 좋은 아빠구나!'라고 생각이 들었다. 부모와 자식 관계는 부모하기 나름인 것이다.

열린 사고의 부모를 가진 아이들은 행복한 표정이라는 것이 공통점이다. 그리고 어두운 표정인 아이들은 부모가 권위적이다. 내 아이를 존중하면 아이는 자신이 인정받는다고 생각을 한다. 그러면서 자신이 가치 있는 존재라고 여기는 것이다. 아이의 자존감은 부모와의 관계에서 형성된다. 동등한 입장에서 아이와 말을 하게 되면 엄마가 때로는 아이에게 위로를 받을 때도 있다. 그리고 아이는 자존감 회복을 하는 시간이 될 것이다.

권위적인 엄마와 아들이 함께 길을 걸어가는 모습을 보게 되었다. 갈 때도 마치 상사와 부하 같은 느낌이 든다. 아이의 표정은 항상 긴장해 있다. 이런 아이들은 밖에서와 집에서의 성향이 다른 경우가 많다. 두 가지 성향이 될 수 있다. 하나는, 성격이 다혈질이라면 아이들과 어울리지 못하고 늘 싸운다. 다른 하나는 내성적인 아이라면 왕따를 당하는 경우가 있다. 부모에게 억압당하고 사랑을 받지 못한 아이는 또래 관계에서도 원활하지 못하기 때문이다. 친구들이 자신을 좋아한다는 확신이 없다. 그렇기에 관계 형성도 문제가 발생하는 것이다.

부부가 사이가 좋지 않아서 매일 싸우는 것을 보고 자란 아이는 항상 불안하다. 이런 부모라면 아이의 속마음을 알려고도 하지 않는다. 자신들의 문제가 더 크기 때문이다. 만약 당신이 배우자와 원만하지 못하다면 부부 관계부터 개선을 하여야 한다. 부부 사이는 좋은데 아이를 두 명이 동시에 공격을 하는 부모도 있다. 이럴 때 아이는 얼마나 큰 좌절감을 느낄지 상상 이상이다. 아무도 자신의 편이 없다는 사실만으로도 의욕이 상실될 것이다.

성공하는 사람들의 특징은 주위 사람들과 인간관계가 탁월한 사람들이 많다는 것이다. 거의 사람과 사람이 부딪치고 살아가는 것이 인생이다. 아이와 엄마와의 관계에서 사람들과의 인간관계를 배우게 된다. 존중을 받고 자란 아이는 다른 사람을 존중할 줄 아는 사람이 되는 것이다. 동등하게 아이를 대한다는 것은 아이의 있는 그대로 모습을 존중하는 것이다. 우리와 아이들은 살아온 날이 다르고 앞으로 살아갈 날이 다르다. 그렇기에 요즘 아이들의 시대를 인정해주어야 한다.

우리는 부모나 자식에게 때로는 의도치 않게 상처를 줄 때가 있다. 가장 가까운 사이면서 소중하게 생각하지 못하고 홀대하기 때문이다. 격의 없는 것과 격식이 없는 것은 다르다. 가족이라고 너무 함부로 대하는 경향이 있다. 내가 낳은 내 아이라고 마구 대하면 안 된다.

"내가 너를 어떻게 키웠는데 내 말을 안 듣고 이러니?"

"그 정도는 내가 요구할 수 있는 거 아니니?"

"똑같이 삼시세끼 먹는데 너는 대체 어디가 부족해서 그러는 거니?"

이런 말들은 상처를 주기 위해서 하는 말인 것인가? 타인한테는 절대로 하지 않는 말들이다. 예전 드라마 〈가족끼리 왜 이래?〉라는 제목을 보고 어쩜 이렇게 잘 지었을까 싶었다. 가장 상처를 주고받는 사람들이 가족인 경우가 많기 때문이다. 서로를 존중해주고 상처를 주지 않게 노력을 해야 한다. 가장 가까운 사람과 많은 시간을 보내기 때문일 것이다. 가장 가까운 사이일수록 서로 예의를 지켜야 한다.

아이를 하나의 인격체로 존중해주자! 아이가 어리다고 함부로 해서는 안 된다. 아이는 소유물이 아니라는 것을 잊지 말아야 한다. 부모라는 이유로 권위를 내세우면 안 된다. 아이는 진심으로 지지하고 격려해주어야 한다. 존중받고 자란 아이는 자연스럽게 자존감이 향상된다. 어려움도 포기하지 않고 극복하는 힘을 기를 수 있는 아이로 성장한다. 동등한 입장에서 존중해주었을 때 행복한 아이로 성장하게 된다!

08

부드럽고
단호하게 말한다

용기란 두려움이 없는 것이 아니라
두려움에 맞서고 정복해내는 것이다.
- 마크 트웨인 -

요즘은 아이가 하나 아니면 둘인 경우가 대부분이다. 그래서 아이의 기를 죽이지 않는다는 이유로 장소를 불문하고 그냥 내버려두는 경향이 있다. 아무리 아이가 귀하다고 해도 공공장소나 조용히 해야 할 곳은 주의를 주면서 예의를 가르쳐야 한다. 그리고 정확하게 말을 해주어야 아이들은 알아듣는다. 아이들의 센서는 너무나 정확하다. 조금이라도 엄마가 여지를 보이면 장난으로 받아들인다.

어느 날 식당에서 있었던 일이다. 아이가 식당에서 자리에 앉아 있지 않고 여기저기 돌아다닌다. 사람들은 많고, 뜨거운 음식들이 있어서 위험하기도 하였다. 그런데 엄마가 멀리서 아이에게 "빨리 이리로 와서 앉아!"라고 말한다. 아이가 이번에는 빈 테이블에 가서 냅킨을 죽죽 뽑아서 진열을 하고 있다. 엄마는 다시 말한다. "그러지 말라니까. 또 시작이다. 안 돼!" 하지만 아이는 계속 행동을 멈추지 않는다. 옆에서 보니 참 답답할 노릇이다. 멀리서 아이에게 엄마는 "안 된다!"라고만 말을 한다. 멀어서 잘 들리지도 않을 뿐더러 정확하게 전달되지 않는 것 같았다. 그래서 아이의 잘못된 행동은 계속되는 것이다. 이럴 경우 사람이 많은 장소에서 아이를 멀리서 부르기만 하면 안 된다. 적극적으로 아이를 자리까지 데리고 와서 "식당에서는 돌아다니면 안 돼!"라고 분명하게 말을 해주어야 했다. 아이에게 "안 돼!"라는 말은 부정어라고 생각하여 쓰기를 망설일 때가 있다. 하지만 아이에게는 정말 안 되는 이유를 확실하게 말을 하여야 한다. 아이를 지켜주어야 할 때는 단호하게 "안 돼!"라고 말해야 한다. 뜨거운 음식은 위험하기 때문이다. 그리고 "안 돼!"라는 말은 잘못을 바로잡을 때 힘을 실어서 확신 있는 말로 전달해야 한다. 아이가 위험할 때나, 다른 사람에게 피해를 줄 때, 해를 끼칠 때 등 확실하게 사용하여야 한다.

'아이의 안전을 위해서!' 단호하게 말을 하고 위험한 상황에서 아이를 벗어나게 빠른 행동을 함께 해야 한다. 저렇게 뜨거운 음식이 왔다 갔다 하는 위험한 경우, 엄마의 적극적인 제지와 행동이 뒷받침되어야 한다는 것이다. 서빙하는 사람에게 방해가 되고 부딪치기라도 하면 화상으로 이

어질 위험한 상황이기 때문이다. 아이에게는 무엇보다 안전이 우선이다. "안 돼!"라고 말을 하고, 왜 그런지를 확실하게 알려주어야 아이가 납득할 수 있다. 그래야 아이는 반항하려는 마음이 생기지 않고, 자신의 잘못을 고쳐나갈 수가 있게 된다. 그리고 마지막에는 엄마가 안아준다. 그러면서 아이는 문제를 원만하게 해결하게 되는 것을 배우게 된다.

평소에 절대 안 되는 것에 대해서 미리 잘 설명해두어야 한다. 아이와 안 되는 것에 대한 약속을 해야 한다. 구체적인 원칙을 정하는 것이다. 예를 들면 식당에서 돌아다니지 않기, 동생 때리지 않기, 욕하지 않기, 위험한 행동할 때 등이 있을 것이다. 그리고 식당을 들어가기 전에 차 안에서 미리 한 번 더 주의를 주어야 한다. 아이들은 순간적인 기분으로 잊어버리는 경우가 있다, 그럴 때 다시 주의를 주더라도 아이는 무안해하지 않고 엄마와의 약속을 기억해 내게 된다. 말을 할 때는 짧게 말해야 한다. 그래야 바로 저지가 된다.

"동생을 밀면 안 돼. 위험해!"
"돌아다니면 안 돼!"
"소리 지르면 안 돼!"

만약에 지키지 못하는 경우에는 '용돈을 깎는다든지', '게임시간을 줄인다든지' 적절한 조치를 취해주어야 아이는 잘못을 고칠 수가 있다. 그리고 아이에게 화를 내면서 말을 하는 것이 아니라 목소리에 힘은 주지만 부드러움을 유지하고 단호하게 말해야 한다. 엄마의 감정에 의해서 말하는 것이 아니라, 아이를 지켜주기 위해서 필요한 말을 하는 것이라고 느낄 수 있게 해야 한다. 엄마가 아이의 잘못된 행동을 바로 잡아주어야 한다. 친구들 관계에서도 서로 지켜야 할 것들이 있고, 적절한 원칙이 삶의 질을 높여준다는 것을 알게 된다. 사회생활을 할 때에도 필요하기 때문이다. 아이는 주의를 받더라도 차분히 설명해주면 엄마로부터 존중을 받았기에 자존감이 형성이 되는 것이다.

딸아이는 어릴 때부터 자신이 혼자하겠다고 하는 것이 많았다. 둘째이고, 스스로 하면 독립심도 길러지고 좋겠다는 생각이 들었다. 하지만 양치질은 꼭 확인하고 엄마가 다시 마무리를 해주어야 한다. 알면서도 나는 늦둥이 딸아이가 고집을 피우면 힘이 들었다. 내가 마흔에 아이를 낳아서인지 힘에 부쳐서 그냥 두는 날이 많아졌다.

치과를 가게 되었는데 아이 어금니가 5개나 썩었다고 한다. 아이는 겁이 많아서 치료를 하기도 전에 울기 시작했다. 치과에서는 일반 치과에서는 하지 못하니 어린이 치과에 가야 한다고 하였다. 아이는 치과만 말하여도 긴장부터 하고 울려고 하였다. 치료를 받게 하기 위해서는 아이를 설득시켜야 했다.

"지금 치과 치료를 하지 않으면 안 돼. 치과에 가야 해!"

치과를 무서워하는 아이였지만, 엄마의 단호한 말에 아이는 수긍하고 치료를 받았다. 지체하지 말아야 할 때는 더 단호하게 말해야 한다. 치과 치료는 늦으면 안 되기 때문이다. 승빈이는 공룡을 좋아하는 아이었다. 마트만 가면 엄마와 실랑이를 벌인다. 아이는 어느새 공룡 앞에 서 있다.

"엄마, 공룡 사주세요!"
"승빈아, 공룡을 올 때마다 샀잖아. 비슷한 것이 집에도 있으니 오늘은 사지 말자!"
"싫어!"
"안 돼. 내려놓자!"
"이건 집에 있는 거랑 다르단 말이야. 봐, 표정이 다르잖아요!"

이때 아이에게 단호하게 말해야 한다. 너무 길게 설명하면 들리지 않는다. 아이가 떼를 쓰고 울기 시작하면 때론 그냥 혼자 두어야 한다. 이날 승빈이는 끝까지 고집을 부리고 사달라고 떼를 썼다. 결국엔 우는 아이를 두고 잠시 자리를 비웠다. 마트 관계자에게 양해를 구한다. 한참 아이가 울었다. 매일 사달고 하면 사주던 엄마가 없어진 걸 알아차렸다. 그때서야 자리에 일어나서 두리번거리기 시작했다. 이때 엄마가 아이 곁으로 간다. 아이는 엄마를 보고는 스스로 "엄마, 내가 잘못했어요!" 이때 승빈이를 엄마가 안아주었다. "그래, 매일 사는 것은 안 돼!" 아이의 눈을 보고 엄마가 단호하게 말을 했다. 아이는 이제야 엄마 말이 들리는 듯 수긍한다. 아이들이 심하게 떼를 쓸 때는 잠시 혼자 두는 것이 필요하다.

아이들은 엄마의 관심을 받기 위해서 그럴 수도 있다. 아이의 마음을 제대로 들여다보아야 한다. 아이에게 엄마가 하고 싶은 말을 잘 전달할 필요성이 있다. 아이의 기분을 인지하고 엄마의 마음을 설명해주어야 한다. 단호하게 말해야 할 때 감정적으로는 말하지 않아야 한다.

아이의 입장에서 공감을 끄집어내기 위해서 진정성 있게 말해야 한다. 진지한 엄마의 태도에서 아이는 인지를 제대로 할 수가 있다. 아이를 설득시킨 후에는 마음을 다독여주는 것도 잊지 말아야 한다. 아이를 안아주고 등을 토닥여주자! 엄마의 사랑을 아이가 확인할 수 있도록 하기 위함이다. 이처럼 문제를 해결해나가면 매사에 아이와 대화로 열어나갈 수 있게 된다. 아이와의 관계가 원만하게 소통이 될 수 있다. 행복한 육아를 할 수 있게 된다!

프랑스를 대표하는 낭만파 시인이자 소설가 빅토르 위고

빅토르 위고는 3형제 중 막내로 태어났다. 어머니는 아이들이 기숙사 생활을 싫어하는 사실을 알고 학교에 보내지 않았다. 학교에 가지 않는 대신 도서관에 가서 책을 읽었다. 어머니와 아버지는 뜻이 맞지 않아 따로 살았지만 자녀들 교육에는 신경을 썼다. 학교에 보내지 않는 어머니의 판단에는 반대를 하여 아버지는 아이들을 강제로 기숙학교에 입학을 시킨다. 위고는 처음에는 항의하였지만 학교에 적응도 곧잘 하였다. 위고는 학교에서 시를 지어 천재적인 재능을 발휘하게 된다.

위고의 뛰어난 재능을 알고 있었지만 아버지는 법률 공부를 하길 바랐다. 법률 공부를 하겠다고 아버지와 약속을 하지만 매일 학교를 마치면 어머니 집에서 시를 썼다. 하지만 어머니는 위고의 문학적으로 천재적인 재능을 믿었고, 작가가 되길 바랐다. 어머니는 이미 자신이 좋아하는 것을 찾았고, 뛰어난 재능이 있는데 위고에게 정규 교육의 필요성을 느끼지 못했다. 재능을 끄집어내어 발휘할 수 있도록 도와주는 것이 중요하다고 생각을 하였다.

학교를 가는 대신에 자연을 느낄 수 있도록 하였고, 명상을 하는 시간을 많이 갖게 하였다. 어머니는 창작을 위해 더 필요하다고 생각을 했던 것이다. 어머니의 현명한 판단으로 위고는 더욱 재능을 발휘하여 세계적인 작가가 될 수 있었다. 이처럼 아이에게 필요한 것을 충족시켜주고 지지해주어야 한다. 아이의 재능은 무시하고 부모가 원하는 모습으로 키우려고 하는 것은 아이의 행복을 우선시하지 않는 것이다. 아이가 잘하는 것을 더욱 잘할 수 있도록 도와주는 역할을 하는 것이 부모가 해야 할 일이다.

아이의 있는 그대로를 인정하고 믿어주고 지지할 때 재능은 꽃을 피울 수 있다는 사실을 잊지 말아야 할 것이다!

5 장

행복한 아이로 키우려면
자존감부터 높여라

01

리더십은
자존감으로 생긴다

천재는 1퍼센트의 영감과
99퍼센트의 노력으로 이루어진다.

- 토머스 에디슨 -

노벨상 수상자의 22%, 미국 아이비리그 학생의 30%, 교수진의 40%, 세계 500대 기업 경영진의 42%가 유대인인 것으로 알려져 있다. 과학자 아인슈타인, 에디슨, 구글의 창업자인 레리 페이지와 세르게이 브린, 영화감독 스티븐 스필버그, 페이스북의 창업자 마커 주커버그, 세계 1위와 2위 부자로 선정된 빌 게이츠와 워런 버핏 등과 정치·경제·문화·예술·사회 등 전 분야에서 최고의 리더들을 배출한 유태인 교육의 원동력은 무엇일까?

이 질문에 대해서 내놓을 수 있는 대답은 '후츠파(chutzpah)' 정신이다.

'후츠파'란 뻔뻔한, 당돌한, 주제넘은 등의 뜻을 가진 히브리어로, 유대인이 지향하는 7가지 정신을 말한다. 그 7가지 정신은 권위에 대한 질문, 형식 타파, 섞임과 어울림, 위험 감수, 목표 지향의 정신, 끈질김, 실패학습을 말한다. 유대인 부모는 자녀에게 기존 질서와 형식을 거부할 것과 도전정신과 평등정신을 심어준다. 그리고 직위와 나이에 상관없이 자유롭게 대화하며 상호성을 중시하여 네트워크를 형성할 것을 가르친다. 자녀에게 위험을 두려워하지 않을 것과 이를 극복하기 위해 노력하며, 목표를 향해 끈질기게 노력할 것을 교육한다. 유대인 부모의 '후츠파' 정신은 자녀를 훌륭하게 키워 세계를 이끄는 리더로 성장시킨 비결이다.

— 문서영, 『당돌하게 다르게 후츠파로 키워라』 중에서

태어날 때부터 타고난 리더는 없을 것이다. 어떻게 키우느냐가 관건이다. 성공한 리더들의 공통점은 자존감이 높다는 것을 알 수 있다. 그리고 한 가지, 그들을 지지한 부모가 있었다는 사실을 들 수 있다. 아이들을 지지하는 부모는 현재의 상태만을 보지 않는다. 내 아이의 잠재된 가능성을 믿는다. 아이의 가능성을 끄집어내기 위해서 노력한다. 아이를 뻔하게 키우지 말고, 다르게 키우기 위해서는 자존감을 높여주어야 한다.

자존감을 높여주기 위해서는 아이가 스스로 가치 있는 존재라고 깨닫게 해야 한다. 그리고 자신을 사랑할 줄 아는 아이로 키워야 한다. 자아

존중감이 생기면 자신감이 생긴다. 자신감이 생겨야 자신이 하고자 하는 일에도 열정적으로 파고들게 된다. 긍정적인 생각이 긍정적인 결과를 만든다.

리더는 자기 자신을 사랑하고 남보다 더 노력하는 사람이다. 유능한 리더는 다른 사람들을 억지로 이끌고 나가려고 하지 않는다. 뚜렷한 목표를 가지고 매진해나갈 때 좋은 방향으로 잘 이끌어나갈 수가 있다. 그렇기 때문에 자신의 감정을 조절할 줄 알고 공감 능력이 뛰어나야 한다. 자기 스스로를 격려하고 칭찬하며 앞으로 나아갈 수 있는 추진력이 요구된다.

새로운 시대는 새로운 리더를 필요로 한다. 리더의 역할도 역시 변해야 한다. 단지 앞에서 독단적으로 이끌어서는 안 된다. 소통이 필수조건이다. 전 박근혜 대통령은 당시 불통 대통령으로 시끌벅적하였다. 그만큼 소통을 요구하는 시대가 되었던 것이다. 독단적인 리더에서 소통하는 리더를 필요로 한다. 공감 능력이 있어야 한다. 다른 사람의 마음을 알아주는 것이 기본이 되어야 한다. 자존감이 높은 사람은 자기 자신을 들여다볼 뿐만 아니라 다른 사람의 마음도 알아차리는 사람이 될 수 있다. 사회에서도 수평적이고 기회 균등한 조직 문화를 요구한다. 가치를 판단하고 실천하는, 용기 있는 대담한 리더를 원한다. 하나의 목표를 함께한다는 느낌을 주면 상승효과를 기대할 수 있다.

〈한책협〉 대표 김도사는 그러한 리더이다. 자신의 분야에서 최고의 책쓰기 코칭 1인자가 되었다. 자신의 24년간의 노하우를 집약하여 많은 사람들의 인생 2막을 열어주는 최고의 리더십을 발휘한다. 다른 사람들의 꿈을 이룰 수 있도록 도와주고, 더 나은 방향으로 열어 갈 수 있도록 만들어준다. 특히 사람들의 의식을 변화시켜 삶의 방향을 다른 시선에서 볼 수 있게 해준다. 닉네임 역시 구세주 김도사라고 불리는 데는 그만한 이유가 있는 것이다.

엄마들은 아이들을 리더로 키우고 싶어 한다. 하지만 리더는 그냥 만들어지는 것이 아니다. 노력하여야 한다. 아이의 자존감 향상에 집중하게 되면 열어나갈 수가 있다. 반드시 자존감이라는 무기가 있어야 리더로 성장할 수 있다. 나답게 살아가는 법을 알게 된다. 그리고 자신이 무엇을 원하는지도 알게 된다. 남과 다른 것을 인정할 수 있다. 생각하는 사고를 길러주어야 한다. 다른 생각을 할 수 있을 때 최고의 결과를 낳는다. 21세기의 리더는 다른 사고를 하는 사람이 성공을 한다.

똑같은 사물을 보고 다르게 생각할 수 있는 아이는, 시대를 이끌어갈 수 있는 리더로 성장할 수 있다. 또한 올바른 가치관이 정립되어야 한다.

인성 교육은 필수이다. 미국 휴스턴 대학 연구교수 브레네 브라운은 지난 7년간 전 세계의 변화와 혁신을 주도하는 리더들과 팀을 연구하였다. 리더들의 특징을 아래와 같이 언급하였다.

리더는 지위나 권력을 휘두르는 사람이 아니다. 사람이나 아이디어의 가능성을 알아보고, 그 잠재력에 기회를 주는 용기 있는 사람이다. '대담함'은 '실패를 기꺼이 각오할 것'이라는 뜻이 아니며, '결국 실패할 수도 있지만, 그래도 전력을 다할 것'이라고 말하는 것이다. 지금까지 내가 만난 대담한 리더들은 실패는 알지만, 좌절은 모르는 사람들이었다.

– 브레네 브라운, 『리더의 용기』 중에서

이와 같이 '리더들은 실패는 알지만 좌절은 모르는 사람들'이라는 문구에서 아이의 자존감은 더욱 중요해진다. 엄마가 아이의 잠재력에 기회를 주어야 한다. 아이의 재능을 믿어주고 기다려주어야 한다. 세상은 많이 변화되어간다. 아직도 많은 사람들이 명문대와 대기업을 가기 위해 공부와 스펙 쌓기에 전력을 다하지만 대학을 가지 않아도, 스펙이 없어도 한 분야에 최고가 되어 있는 사람이 리드해가는 세상이 되어가고 있다.

남들이 다 가기 때문에 하는 공부가 아니라, 자신이 필요로 해서 하는 공부가 되어야 한다. 아이들에게 필요한 것은 학습하는 방법이 아니라 좌절하여도 극복해낼 수 있는 힘을 길러주는 것이 더욱 중요하다. "10년이면 강산도 변한다."라는 말이 있다. 현대는 하루가 다르게 변화되고 있다. 한 달 뒤도 예측하기란 어렵다. 지금 코로나19가 한창이다. 몇 달 전만 해도 이런 일이 일어날 것이라고는 아무도 예상하지 못했다.

앞으로 살아가야 할 아이들에게는 위기 상황을 극복해내는 힘을 길러주어야 한다. 직업 역시 어떠한 경우에도 흔들리지 않는 파이프라인을 여러 개를 구축할 수 있도록 해야 한다. 이번 사태로 더욱 필요성을 느끼는 요즘이다. 아이들이 미래에 살아남을 수 있게 하려면 좌절감을 이겨내는 능력을 갖추어야 한다. 엄마의 역할이 더욱 커진 셈이다. 하지만 이 모든 것은 자존감을 건강하게 키워줄 때 가능한 일이다.

리더가 될 수 있는 것도 높은 자존감 형성이 되어야 가능하다. 적극적인 인생을 살아갈 수 있는 요건인 자기 자신을 믿는 마음을 길러주어야 한다. 자신을 믿는 사람이 긍정적으로 삶을 개척해나갈 수 있다. 리더의 필요조건 중 대인관계가 있다. 엄마와의 관계에서 아이들은 배울 수가 있다. 아이들은 엄마를 통해서 감정 조절 하는 방법, 자신의 감정을 표현하는 방법을 알게 된다.

더불어 공감 능력, 다른 사람을 이해하는 정도 역시 가정에서 부모와의 관계에서 습득할 수 있다. 자기주장을 하되 타인의 의견도 들어주는 리더로 키울 수 있다. 불가능도 가능하게 하는 것 역시 긍정의 힘과 자기 믿음에서 실현될 수 있다. 아이들에게 자존감 형성은 반드시 필요하다. 아이의 미래는 엄마에게 달려 있다. 나의 아이들이 리더가 될 수 있다고 믿고 힘껏 지지해주는 엄마가 되자!

02

하루에 5분,
아이에게 오롯이 집중하자

사람들이 원하는 모든 것은
자신의 얘기를 들어줄 사람이다.

- 휴 엘리어트 -

엄마들은 누구보다 내 아이들이 행복했으면 좋겠고 성공하기를 원하다. 그렇다면 아이에게 하루 5분이라도 오롯이 집중해보자. 아이들에게 엄마라는 존재는 그 자체로 훌륭하다. 하지만 아이가 엄마의 사랑을 느낄 수 있게 해주는 시간은 반드시 필요하다.

엄마의 표정으로, 몸짓으로, 한마디의 말에 의해 아이는 민감하게 반응한다. 자칫 바쁘다는 핑계로 내 아이의 오늘을 그냥 지나치지는 않았는가. 하루 종일 아이와 지낸다고 아이가 행복한 것은 아니다. 엄마의 사랑을 전달하는 시간을 갖는 것이 필요하다. 아이의 눈을 보며 말을 한다. 그리고 아이에게 오늘 하루 어떻게 지냈는지 물어본다.

"엄마, 오늘 학교에서 무슨 일 있었냐면 말이야!"

"엄마, 신석기 시대에 대해서 배웠는데 엄마는 다 알아?"

"엄마, 내 짝꿍 또 저번 달이랑 같은 아이야!"

"엄마, 나는 음악이랑 미술시간이 제일 기다려져!"

딸아이는 4학년 때부터 혼자 자게 되었다. 딸아이가 잠들기 전에 나는 함께 있어 준다. 그때 아이는 이런저런 말을 한다. 엄마한테 섭섭했었던 일, 친구와 재미있었던 일, 기분이 안 좋았던 일, 재미있게 배웠던 것 등 말을 시키지 않아도 자동으로 말을 한다. 매일 일상이 되었기 때문이다. 딸아이는 엄마한테 이것저것 말하고 행복한 얼굴로 잔다.

엄마한테 기분 나빴던 것은 반드시 말을 한다. 미처 내가 사과를 하지 못했을 경우 사과할 기회를 주기 때문에 항상 고맙다. 내가 사과를 하면 딸아이는 어느새 기분이 풀어진다. 미안하다며 안아주면 정말 좋아한다. 이렇듯 아이와 관계가 좋아지기 때문에 집중해서 갖는 시간은 무척이나 중요하다.

"엄마, 24절기 알아? 오늘 배웠는데 외워볼까?"

"우와, 잘 아네. 엄마도 모르는데 24절기를 다 외우다니 열심히 노력했네. 멋지다!"

"내가 엄마한테 가르쳐줄게. 엄마도 외워봐. 내가 테스트할 거야!"

"하하, 그래. 엄마는 다 못 외우니 오늘은 봄에 대한 것만 외울게!"

"알았어, 엄마. 특별히 봐주지. 내일 테스트합니다!"

이렇게 자신이 배워서 다 알게 된 것을 엄마에게 자랑하며 나에게도 외우라고 한다. 나는 열심히 외우고 딸아이에게 검사를 받는다. 틀리기라도 하면 선생님처럼 알려준다. 이렇게 즐겁게 외운 것은 오래도록 기억한다. 무엇보다 엄마와 함께한 시간이 기억에 계속 남아 있지 않을까 생각이 든다. 하나하나 추억도 쌓고, 엄마의 사랑도 느낄 수 있는 시간을 갖는 것은 아이의 존재감을 느끼게 해주고 자존감 형성을 돕는다. 아이에 일상의 행복을 느끼게 해주는 것이 중요하다.

사람은 누구나 자신에게 집중했을 때 자신의 가치를 느낄 수 있다. 아이들뿐만 아니라 인간관계에 있어서 상대가 진심 어린 관심을 가져준다면 큰 위로와 격려가 된다. 요즘처럼 무연시대에 이처럼 작은 관심이 어쩌면 상대에게 살아가는 데 있어 중요한 순간이 될 수 있다. 사회적으로 힘들고 열악한 환경에 처한 사람은 무엇보다 용기를 가질 수 있는 계기가 필요하다. 그 힘으로 무너진 사업이나 실패에서 일어날 수 있는 힘이 생기기 때문이다. 연예인들의 자살 역시, 단 한 사람이라도 진정한 자신의 편이 있었다면 그런 극단적인 선택은 하지 않을 것이다.

몸이 아픈 사람보다 마음이 아픈 사람이 더 위험한 이유가 여기에 있다. '자살'을 거꾸로 읽으면 '살자!'이다. 자살 같은 극단적인 상황에서 '살자!'라고 생각할 수 있는 원동력은 엄마의 존재가 클 것이다. 믿어주는 단 한 사람, 오롯이 자신의 마음을 알아주던 엄마의 존재가 생각날 것이기 때문이다.

극단적인 선택을 하는 사람은 자신이 처한 상황을 이겨낼 힘이 없어서일 것이다. 아무도 자신의 마음을 알아주지 않는다고 비관을 하였을 것이다. 이것은 자신을 사랑하는 방법을 몰라서이다. 그래서 아이의 자존감을 높여주는 것이 중요한 것이다. 자존감이 높은 사람은 남의 시선이나 평가가 중요하지 않다. 자신의 행복을 자신이 만들어갈 수 있다. 그 자존감이 평생 간다는 사실을 잊지 말아야 한다.

아이의 자존감은 엄마의 조그만 관심에서부터 시작된다. 너무 어렵게 생각하지는 말아야 하지만, 중요하게는 생각해야 한다. 중학교 때 나의 절친이 있었다. 그 친구는 내가 본 사람 중에 가장 밝고 명랑했다. 그래서 학교에서 친구들에게 인기도 많았다. 그런 그 친구를 나는 좋아했다. 나는 그 친구와 친해지고 싶어서 적극적으로 손 편지를 주고 나의 마음을 표현했다. 예전에는 손 편지를 많이 썼다. 아직도 추억의 편지를 간직하고 있다.

그 친구 집에 처음 갔을 때 나는 놀랐다. 마치 엄마와 친구 사이 같았기 때문이다. 그 당시 다른 친구 집들은 대체로 엄마들이 엄하고 무서웠었다. 다른 집들과 달리 그 친구 엄마는 아주 편하고 친구같이 대해주셔서 좋았다. 친구가 엄마한테 '누구 씨'라고 이름을 부르면서, 항상 웃고 기분 좋은 말이 오고 갔다. 그 친구는 너무나 유머 감각이 뛰어났다. 선생님들 성대모사를 할 때면 배꼽을 잡고 웃었다. 누구에게나 사랑받는 친구였다. 남편에게도 사랑받고 행복하게 결혼 생활을 하고 있다.

친구가 결혼을 하고는 시댁 분위기가 완전히 바뀌었다고 한다. 무뚝뚝한 시아버지도 그 친구 덕분에 자상하신 분으로 바뀌었다고 한다. 그 친구를 보면 자랄 때 엄마와의 관계가 얼마나 중요한지 실감한다. 사랑을 받고 자란 사람은 사랑을 주는 사람이 되고, 자신도 항상 사랑받는 사람이 되는 것이다. 지금 생각하면 그 친구가 그토록 밝고 명랑한 것은, 어릴 때부터 부모님의 사랑을 듬뿍 받아 자존감이 높았기 때문이다.

"자녀는 당신이 시작한 일을 이어 나갈 사람입니다. 자녀는 당신이 앉았다가 떠난 자리에 앉게 될 것입니다. 그리고 당신이 중요하게 생각한 일들을 이어받아 노력해나갈 것입니다. 당신이 즐겨 여러 가지 정책을 채택하더라도, 그것을 수행하는 것은 자녀에게 달려 있습니다. 자녀는 당신의 도시와 국가의 통치자가 될 것입니다. 당신의 교회와 학교와 기업체를 떠맡게 될 것입니다. 당신이 저술한 모든 책도 그들이 평가하며, 칭찬하고, 지탄도 할 것입니다. 인류의 운명은 그들에게 달려 있습니다."

– 에이브러햄 링컨

    아이의 행복은 시간과 비례하지 않는다. 아이의 마음을 단 5분이라도 진정성 있게 알아주는 것이다. 아이에게 집중하는 것이 중요하다. 아이는 엄마와의 관계에서 자존감이 형성된다. 간혹 '내 아이가 왜 이렇게 까칠하지? 왜 이렇게 차가운 거지?'라는 생각이 든다면 그것은 엄마의 모습을 보고 자랐고, 그대로 보여주는 것이다. 바로 엄마의 모습인 것이다. 아이는 엄마의 그림자이다. 엄마를 보면 아이를 알 수가 있다고 한다. 내 아이와 눈을 바라보며 대화를 나누어야 한다. 그리고 많이 안아주자. 아이는 엄마가 보여주는 세상이 전부이다. 행복한 세상을 아이에게 보여주고 알려주는 엄마가 되어야 한다. 우리 아이의 행복을 위해 하루 5분만이라도 아이에게 집중하자!

03
학습에 매달리기보다 인성에 집중하라

기억하라. 만약 도움을 주는 손이 필요하다면 너의 팔 끝에 있는 손을 이용하면 된다.
한 손은 너 자신을 돕는 손이고 다른 한 손은 다른 사람을 돕는 손이다.

- 오드리 헵번 -

우리나라 청소년 행복 지수는 OECD 국가 중 여전히 최하위권이다. 자살 충동을 경험한 청소년은 무려 5명 중 1명으로 해마다 늘고 있다. 학생들의 행복 지수가 낮은 큰 이유로는 바로 '바쁜 일정'이다. 초등학생 때부터 시작되는 방과 후 사교육은 중학생을 거쳐 밤 10시 내외까지 야간 자율학습을 하는 고등학생은 필수다. 아이들은 개인 시간이 거의 없고 결국 수면 부족의 연속이다. 그래서 조기 유학을 고려하는 사람들이 늘고 있는 추세라고 한다.

선행학습을 하지 않고 초등학교에 입학하면 아이는 당황한다. 학교에서는 단지 확인만 하는 것 같다. 미리 한글을 떼고, 연산도 다 알고 가야 한다. 사교육을 하지 않을 수 없다. 그리고 아이들이 공부할 때는 아무 것도 하지 말고 공부만 하라고 한다. 마치 공부만 하려고 태어난 아이들 처럼 말이다. 아들과 딸아이는 8년이나 차이가 나는데도 별로 차이가 없 다. 이 사회가 여전히 개선되지 않았다는 것이 못내 아쉽다.

시대는 바뀌어서 4차 산업이라는 첨단시대에 접어들었다. 아이들의 교 육은 예전보다 더 치열하다. 하지만 왜 아이들의 행복에는 관심이 없는 지 아이러니하다. 핀란드의 아이들은 행복 지수가 최고이다. 어릴 때부 터 아이의 인성에 집중한다. 매일 학원을 가고 숙제하느라 학습에 치여 서 사는 우리나라와는 상반되어 있다.

핀란드 아이들은 대부분 어릴 때부터 부모와 밖에서 놀며 지낸다. 그 때 아이들의 오감이 발달된다. 인위적인 학습이나 주입식 교육은 하지 않는다. 특히 부모와 함께 하는 시간을 보내면서 자연스럽게 습득한다.

배려하는 것, 자신의 역할에 대한 이해, 사랑하는 법, 마무리까지 하는 법, 학습이 아니라 부모와 활동을 통해 알아간다고 한다. 아이 스스로 자 신이 무엇에 흥미를 가지고 있는지, 무엇을 잘할 수 있는지 알게 된다. 호기심이 생겨 자신이 하고 싶은 일에 몰입하고 확장하게 되는 것이다. 학습에 대한 결과에 연연해하지 않고 그 과정을 즐기고 흥미로워한다.

MBC 〈어서와 한국은 처음이지〉에서는 덴마크 친구들의 '휘게 여행'이 있었다. 행복 지수 1위인 덴마크 사람들은 모든 것에 행복을 느낀다고 한다. 뭔가 특별해서 행복을 느끼는 것이 아니라 일상 속에서 행복을 느끼는 것이다. 스펙이 중요하고 대기업을 다녀야 '성공한 삶'이라고 생각하는 한국과는 많이 다르다.

'휘게(hygge)'는 덴마크식 '힐링'을 뜻하는 표현이라고 한다. 노르웨이어로 '웰빙'을 뜻하는 단어에서 유래했으나, 포옹을 뜻하는 단어 'hug'에서 유래했다는 설도 있다. 가족, 친구들과 단란하게 모여 있는, 편안하고 기분 좋은 상태를 뜻하는 '휘게'는 사랑하는 사람들과 함께하는 시간을 소중히 여기며 소박한 삶의 여유를 즐기는 라이프 스타일로, 높은 행복 지수를 자랑하는 덴마크 국민들의 행복 비결로 꼽힌다.

– 네이버 지식백과 참조

아이를 잘 키우기 위해서는 아이가 원하는 것을 먼저 아는 것에 더 집중하여야 한다. 성공한 사람들은 자기 자신에게 집중하고, 자신이 하는 일을 엄마가 지지하였다는 공통점이 있다. 내 아이의 행복은 엄마에게 달려 있다. 아이의 학습을 경쟁이 아니라, 아이 스스로가 필요에 의해서 할 수 있도록 해야 한다. 아이의 의견을 존중하면 자존감이 형성이 된다. 자신이 무엇을 하고 싶은지 스스로 찾게 된다. 그리고 아이가 잘할 수 있도록 지지해주어야 한다.

내가 알고 있는 어느 엄마가 있었다. 딸아이가 사춘기가 되자 엄마와 친구들에게도 마음의 문을 닫게 되었다. 학교에서 혼자 지내고 학교 가는 것 자체를 너무나 싫어하고 힘들어했다. 그래서 아이가 학교에 가주는 것만으로 감사한 일이 되었다. 엄마는 아이의 마음을 돌려보고자 매일같이 편지를 써서 학교에 갔다. 아이에게 엄마의 마음을 전하였다. 거의 몇 달을 반복했다고 한다. 이렇게 정성을 다하자 아이는 마음이 열렸고 먼저 엄마와의 관계가 회복되었다.

알고 보니 아이는 엄마의 극성으로 인해 초등학교 때부터 밤늦게까지 학원에 가고 공부밖에 하지 않았다. 그런데 중학교를 들어가고 사춘기가 오자 엄마를 경멸하게 되어 말도 하지 않았다고 한다. 엄마의 정성으로 관계가 회복되자 아이는 즐겁게 학교를 가기 시작했다. 친구와도 잘 지내고 행복한 아이가 되었다.

이렇게 엄마의 태도가 바뀌자 아이도 마음이 바뀌었고, 학습을 강요하는 것이 아니라 아이가 원하는 것을 마음껏 하게 하였다. 아이는 댄스에도 재능을 보여 동아리 활동도 열심히 하고 공연도 하러 다녔다고 한다. 그러자 아이는 무대를 기획하는 것에 관심을 가지게 되었다. 스스로 그

학과를 가기 위해 노력을 하였다.

아이는 고등학교에 진학을 하고 더 큰 꿈이 생겨서 미국으로 유학을 가게 되었다. 영어가 잘 통하지 않는데도 불구하고 아이는 자신의 꿈이 있기에 어학 공부도 열심히 한다고 했다. 유학 생활도 너무나 즐겁고 행복하게 하고 있다. 엄마가 아이에 마음을 알아차리고 노력한 결과였다. 엄마가 아이 마음의 문을 열 수 있도록 노력하였기에 가능한 일이었다.

"유학 생활은 어때? 혼자서 괜찮아?"

"엄마! 혼자 유학 생활은 힘들지만 엄마가 보여준 사랑을 생각하면 견딜 수 있어. 이제 사람들과 영어 하는 것도 어렵지 않아. 그리고 틀려도 괜찮던데. 미국 아이들에게도 아직 원활한 대화는 좀 힘들어. 하지만 내가 먼저 친절하게 이야기도 들어주고 하니까 친구들이 나를 신뢰하는 것 같아. 나는 요즘 너무 신이 나. 걱정하지 말아요. 엄마 나를 믿어주고 격려 해준 덕분에 나는 용기를 갖고 도전할 수 있는 사람이 된 것 같아!"

"엄마는 언제나 너를 응원해. 알지? 한국에서 건강하게 만나!"

엄마의 존재는 아이에게 막대한 영향을 끼친다. 그 엄마는 아이의 성장을 보고 감격의 눈물을 흘렸다고 한다. 엄마가 아이의 마음을 돌릴 수 있었던 것은 아이를 위해 자존감 공부를 하면서부터였다고 한다. 아는 만큼 보인다. 아이를 잘 키우려고 해서 공부만 강요했다면 아이와의 관계는 더 나빠졌을 것이다. 자존감 공부를 하면서 아이의 마음을 들여다볼 줄 알게 되었다. 그때부터 아이와 관계가 개선되기 시작한 것이다. 아이의 학습을 들여다보기 전에 인성을 들여다보아야 한다. 아이를 하나의 인격체로 바라보고 자아가 형성되는 사춘기 때 잘 극복할 수 있게 도와주는 부모가 되어야 한다.

엄마와의 행복한 관계 속에 아이의 인성은 무럭무럭 자란다. 배려와 응원 속에 자라기 때문에 아이도 친구들을 배려하는 아이가 된다. 엄마의 존중을 받고 자란 아이가 타인을 존중하는 아이로 자라게 되는 것이다. 아이의 인성은 가정에서 엄마와의 관계에서 형성된다. 엄마가 1% 바뀌면 아이는 100% 바뀐다고 한다. 우리 아이를 위해서 노력하여야 한다. 엄마가 조금씩 노력하면 아이는 눈부시게 성장한다.

하늘에 별을 올려다보는 여유롭고 행복을 만끽할 줄 아이, 바다의 넓고 깊은 물속처럼 속 깊은 아이, 자신만 아는 이기적인 아이가 아니라, 세상에 선한 영향력을 끼치려고 마음을 가질 수 있는 아이, 다른 사람을 배려할 줄 아는 아이, 공감을 하고 잘 들어주는 아이, 그런 아이로 키우자! 인성이 멋진 아이로 키운다면 바람직하고 멋진 세상이 더 빨리 오게 될 것이다. 학습에 집중하기보다 인성에 집중하자!

04

결국엔 자존감 높은 사람이
성공한다

평화롭고 만족스러우며 행복한 마음가짐으로 하루를 시작하라.
그러면 즐겁고 성공적인 날들이 전개될 것이다.
- 노먼 빈센트 필 -

결국엔 자존감 높은 사람이 성공한다는 말이 너무나 공감된다. 자존감이 높아지면 장벽이 사라지기 때문이다. 무엇을 이루는 힘은 자신을 믿는 마음에서 시작되기 때문이다. '나는 할 수 있다!'는 짧은 말은 기적을 만든다. 무한 긍정 앞에 당할 것은 없다. 최고의 무기는 긍정이다. 아무리 주위에서 "너는 할 수 있다!"라고 해도 자신조차 인정을 하지 못하면 아무 소용이 없다.

나의 경우도 남편은 나에게 무엇인가를 "잘할 수 있는 사람!"이라고 말하였다. 나는 잠재력이 있다고는 생각은 했다. 하지만 나를 믿지 못했던 것 같다. 이렇게 글을 쓰는 요즘 너무나 행복하다. 기존에 느껴보지 못한 기분이다. 무언가에 도전한다는 것은 멋진 일이다. 그리고 누군가가 말한다. 성공하는 사람은 모든 것이 갖추어졌을 때 하는 것이 아니라 반만 준비되어도 시작한다고 말이다. 도전하는 것 자체가 성공할 수 있는 요소가 되기 때문이다. 아무것도 하지 않으면 아무 일도 일어나지 않는다. 나는 작가가 되기로 결심하고, 열심히 글을 쓰면서 새로운 도전을 계속하고 있다. 〈안다김TV〉 유튜버가 되었고, 카페도 운영한다. 그리고 어렵고 위험하다고만 생각했던 주식도 하게 되었다.

막연히 하고 싶었을 때는 주위에서 "주식으로 망했다더라!" 그 말만 듣고 아예 공부 자체를 하지 않았다. 하지만 이제는 무엇이든 공부하고 도전하는 사람으로 바뀌었다. 안정적인 투자를 선택하는 지혜로운 사람이 되었다. 나는 내가 자랑스럽다. 이처럼 도전하는 사람이 된 것은 나의 자존감이 높아져서 가능한 일이다. 나의 과거에 비추어볼 때 나는 엄청나게 발전하고 있다. '나도 할 수 있다!'는 이처럼 기적을 낳는다.

그렇기에 아이들을 자존감 높은 아이로 키워야 한다. 자존감을 높이는 방법은 앞서서 말을 했지만 다시 한 번 정리를 해보자.

첫째, 아이의 말을 집중하고 경청한다!
둘째, 아이에게 적극적으로 공감하고 적절한 답변을 해준다!

셋째, 아이에게 칭찬을 자세하게 하여야 한다!

넷째, 아이를 동등한 입장에서 존중해준다!

다섯째, 아이를 믿어준다!

아이의 자존감을 높이는 것은 일상에서 엄마의 말에 의해서 형성된다. 이 점을 잊지 말아야 한다. 내 아이게 자존감은 엄마에게 달려 있다. 아이의 문제를 지적하기 이전에 엄마인 나를 먼저 점검해야 한다. 그대로 아이는 배우기 때문이다. 김도사의 저서 『청춘아, 너만의 꿈의 지도를 그려라』에 보면 이런 사람이 성공한다고 말한다. 그리고 이것을 실천하여 120억의 자산을 보유하고, 책 쓰기 코칭으로는 한국을 넘어 세계 최고가 되었다. 책의 내용은 이렇다.

"나는 이제야 사람을 보는 눈이 생겼다. 그 사람의 됨됨이가 아닌 그가 성공하는 인생을 살지, 실패하는 인생을 살지 알아보는 안목이 생겼다는 말이다. 나는 다음 4가지를 가진 사람의 미래는 창대하다고 믿는다.

① 죽어서도 이루고 싶은 꿈

② 비록 현실은 참담하지만 떠올리면 행복해지는 마음

③ 이미 꿈을 이룬 듯이 상상하는 습관

④ 시련과 역경 속에서도 될 때까지 도전하는 끈기

위의 4가지 모두를 지니고 있는 사람은 분명히 성공하게 되어 있다."

이처럼 성공한 사람들은 어떠한 상황에서도 그 꿈을 이루기 위해 포기하지 않는 사람이다. 내 아이가 성공자의 삶을 살게 하려면 실패를 두려워하지 않고 끝까지 노력하는 사람으로 키워야 한다. 그러기에 자존감을 아이에게 장착시키는 것이 가장 중요하다. 아무리 강조해도 지나치지 않기 때문이다. 자존감이 가장 기초가 되는 필수 요건이다.

성공자의 뒤에는 훌륭한 조력자가 있다. 아이를 존중해주고 자존감을 높여주는 부모는 권위를 내세우거나 아이를 자신의 소유물로 생각하지 않는다. 아이가 가지고 있는 기질을 그대로 인정해주고 공감해준다. 그리고 친구 같은 사이로 어떤 것도 말할 수 있다. 그렇기에 부모에게 허물없이 자신의 이성 친구에 대한 대화도 하게 된다.

평소에 아이를 이해하지 못하고 공감도 해주지 않았더라면 결코 그런 관계는 될 수 없는 것이다. 그리고 아이를 지나치게 사랑하지 않는다. 이 말은 자칫 잘못 해석할 수도 있는데, 아이를 독립적으로 바라보기 때문에 아이에게 부담을 주지 않게 하기 위함이다. 보통 너무 지나치게 아이를 사랑한다면 그것은 집착일 것이다. 사랑과 집착을 잘 구분하지 못하는 부모는 아이에게 상처를 주고 자신도 상처를 받게 된다. 아이에게 내가 너를 어떻게 키웠는데 이런 생각을 하면 아이에게 엄청난 정신적인 구속을 하는 것이나 마찬가지일 것이다.

아이에게 롤 모델이 되는 부모들은 자식에게 집착하고 희생이라는 이름으로 아이를 힘들게 하지 않는다. 자신의 일을 열정을 갖고 최선을 다한다. 아이는 자신의 일을 사랑하고 열심히 살아가는 부모의 모습을 보고 자신도 열심히 해야겠다고 생각하게 된다. 아이들은 부모가 인생을 대하는 모습을 보고 그대로 습득하기 때문이다. 성공한 사람들의 공통점은 자존감이 높다. 어떤 시련이 오더라도 흔들리지 않고 이겨낸다.

이처럼 내 아이의 미래를 희망으로 본다면, 지금 현재의 성적이나 일시적인 모습만을 평가하지 않는다. 아이를 믿어준다면, 아이는 꿈을 꾸는 아이로 자라게 된다. 아이는 꿈을 꾸게 되면 자신의 미래를 생각하기 때문에, 지금 해야 할 공부도 하기 싫은 일이 아닐 것이다. 그리고 누가 시켜서 하는 것이 아니라 자기 주도 학습이 된다. 이렇게 결심하고 도전하였을 때 잠재력을 발휘하게 된다.

부모의 강요가 아니라 본인이 해야 하는 이유를 찾는다. 전교 하위권이던 아이의 성적이 얼마 지나지 않아 최상위권으로 올라가는 경우가 있다. 이처럼 아이 스스로 결심을 하게 되면 놀라운 결과를 얻을 수 있다.

이처럼 주도적인 아이가 되었을 때 도전하는 것을 즐겁게 받아들이게 된다. 자신의 목표를 이루었을 때 성취감을 느끼게 되는 것이다. 그 성취감으로 인해 또 다른 목표를 향해 도전하고 꿈을 이루는 원동력이 되는 것이다. 그리고 성공자의 삶을 살아갈 수 있게 된다. 내 아이의 무한한 잠재력을 믿고 성공한 미래를 그려보자. 아이에게 긍정적인 말을 평소에 하는 것이 중요하다. 자존감이 높은 사람들은 긍정적인 사람이다. 결국엔 자존감 높은 사람이 성공한다. "나는 매일 모든 면에서 점점 나아지고 있다!" 말하는 대로 된다!

미국 할리우드의 살아 있는 전설 스티븐 스필버그

미국에서 스티븐 스필버그는 유대인 가정의 장남으로 태어났다. 스필버그는 어렸을 때 학교에 가는 걸 싫어해서 수시로 결석을 하였다. 스필버그는 운동에도 소질이 없었고 용모에도 자신이 없었고 성적 또한 좋지 않았다. 거기다가 유대인이라고 따돌림을 받아 친구도 없어 외톨이로 혼자 공상을 하였다. 친구들은 스필버그를 이상한 아이라고 놀려댔다. 열등감을 가지고 있는 아들을 이해하는 유일한 한 사람은 어머니였다.

스필버그는 어느 날 어머니 앞에서 끙끙 앓는 소리를 내었다. 어머니는 꾀병을 부리는 것을 알면서도 맞장구를 쳐주었다. "얘야! 열이 높아서 학교에 가는 건 무리이겠구나. 쉬어야겠어!" 어머니는 아들의 마음을 알아주고 배려해주었다. 아들이 남들과 다른 별난 개성을 인정하고 아들이 좋아하는 것과 잘하는 것을 지켜보았다. 어머니는 아들에게 카메라를 사주었다. 영화필름이나 카메라 등으로 방이 어지럽게 되어 있어도 꾸짖지 않고, 오히려 아들의 창의력과 상상력을 생각하여 독특한 아이의 성향을 인정해주었다.

스필버그의 어머니는 다른 아이와 좀 다르다고 해서 뒤떨어지는 것이라고 생각하지 않았다. 남들과 다른 특별함이 있을 것이라고 믿고 스필버그의 모습 그대로를 인정해주었다. 어머니는 아이를 있는 그대로의 모습을 바라봐주었고, 스필버그 자기 자신에 대한 믿음을 가질 수 있도록 격려해주었다. 스필버그가 다른 아이와 똑같이 공부하고, 똑같이 살기를 바라지 않았다.

아들이 하는 일을 전적으로 믿어주고 "할 수 있다!"는 용기를 주었다. 오롯이 자신을 인정해주고 배려해주는 어머니의 사랑은 자신의 꿈을 이룰 수 있는 원동력이 되었다. 남들과 다름을 인정해주고 절대적으로 믿어주는 어머니의 확신이 아이의 미래를 결정짓는다. "너는 반드시 해낼 수 있어!"라는 격려와 응원으로 아이의 잠재력을 끄집어낼 수 있게 된다!

05

엄마의 따뜻한 말 한마디가
중요하다

자녀에게 줄 수 있는 최선의 유산은
혼자 힘으로 제 길을 갈 수 있도록 해주는 것이다.
– 이사도라 던컨 –

나의 이웃인 노부부가 있다. 그 두 분은 다른 사람의 모범이 될 정도로 잉꼬부부다. 그런데 그렇게 된 지가 얼마가 안 되었다고 한다. 한번은 그 할머니와 대화를 나눈 적이 있었다. 평생 남편은 돈을 번 적이 없고 뒷방에서 만화책만 읽던 한량이었다고 한다. 아들 셋을 키우는데 그 할머니가 나가서 돈 벌어서 먹고살았다고 한다. 항상 할아버지를 원망만 하고 살았다. 어느 날 할머니가 '자신과 같은 성격이 괴팍한 성격의 마누라와 사느라고 남편이 힘들었겠구나!'라고 깨닫게 되었다고 한다. 그리고 자신이 남편을 항상 무시하고 업신여기며 살았다는 생각이 들었다고 한다.

"나 같이 성격이 무뚝뚝하고 괴팍한 여자와 사느라 그동안 애썼어요!"

"그리고 그동안 내가 당신을 너무 무시한 거 같아 미안합니다!"

눈물을 흘리며 말을 하였다고 한다. 그랬더니 한평생 놀고먹던 남편이 그다음 날부터 거짓말처럼 일하러 나갔다고 한다. 연세가 70살인데 그때 일자리를 구해서 현재도 열심히 돈을 버는 남편이 되었다고 한다. 할머니는 말씀하셨다. 남편을 무시하면 그대로 무시할 수밖에 없는 사람이 된다고 한다. 내가 존경하면 상대방은 존경할 만한 사람으로 되더라고 조언해주신다. 모든 것은 자신이 만드는 것이다. 내가 경멸하면 상대도 나를 경멸하고, 내가 존중하면 상대도 나를 존중한다. 아무리 존경하는 척해도 상대는 다 느낀다고 한다. 진심이 중요하다. 뿌린 대로 거둔다는 말이 생각난다. 그래서 말의 중요성을 더 느낀다. 이처럼 진심의 말은 기적을 낳는 것이다.

천재 과학자 아인슈타인은 세 살까지는 말도 하지 못하였다. 초등학교 시절에는 동작이 굼뜨고 의욕도 없고 저능아라는 말을 들을 정도로 공부를 못했다. 수학 과목을 제외한 과목은 낙제 점수를 받았다. 담임 선생님은 가정 통신란에 이렇게 적어서 보냈다고 한다. "이 학생을 가르치는 것은 시간 낭비다. 공부로는 희망이 없으니 다른 방향으로 진로를 정하는 것이 좋을 듯하다."라고 말이다. 하지만 어머니는 오히려 아들을 격려하였다.

"넌 다른 아이들과 다를 뿐이야. 다른 아이들과 같지 않기 때문에 틀림 없이 비범한 인물이 될 것이란다!"

어머니의 격려와 믿음으로 계속 실패해도 도전하는 아이슈타인이 되었다. 공과대학에도 두 번 만에 입학을 했다. 어머니의 응원이 있었기에 수많은 연구에 연구를 거듭한 나머지 노벨 물리학상(상대성 이론)을 수상하게 된다.

이처럼 역사에 이름을 남긴 위인들 곁에는 위대한 엄마가 있었다. 모두가 희망 없다고 할 때 끝까지 믿어주고 응원해주었다. 엄마의 존재가 있어 역사를 바꾸었다. 그들은 아이에게 한계를 만들지 않았다. 지금의 아이에 모습만으로 판단하지 않고 단지 '남들과 다르다!'고 인정하고 용기를 주었다는 사실을 기억해야 한다. 아이가 어떠한 분야에서 두각을 나타내고 업적을 남기는 것은 어릴 때부터 아이의 존재를 인정하고 자존감을 높여주는 엄마가 있었기 때문이다. 자존감이 무너지면 아무 데도 나아갈 수 없게 된다. 아무리 보석을 가지고 있어도 끄집어내어 사용하지 않는다면 그 보석은 아무 소용이 없는 것이다 그 보석을 끄집어낼 수 있게 해주는 것이 아이의 자존감을 높여주는 엄마의 한마디일 것이다.

내가 아는 지인이 있다. 역시 엄마가 있어서 가능한 감동적인 이야기를 소개한다. 지인의 딸은 너무나도 말을 안 듣고 학교도 잘 가지 않고 생활이 엉망이었다. 학교 성적은 당연히 바닥이었고, 학교를 졸업하면 다행일 정도였다. 그런 아이에게 보통 엄마들 같으면 매일 잔소리를 할 것이다. 아이의 미래가 걱정되기 때문이다. 하지만 잔소리를 듣는 아이는 엄마가 말을 하면 할수록 청개구리처럼 듣지 않고 엇나간다. 자신이 엄마가 되어야 부모의 마음을 알게 된다. 그런데 그 엄마는 아무리 늦잠을 자고, 학교에 지각을 밥 먹듯이 하고, 공부도 전혀 하지 않는 딸에게 매일 유학을 가고 박사님이 될 사람이라고 말했다고 한다.

"유학 갈 내 딸, 일어나서 학교 가야지!"
"박사님이 될 내 딸 왔어!"
"오늘도 힘들었지. 학교 다녀 와줘서 고마워!"

어쩌면 아이는 엄마가 자신을 놀리는 듯한 기분이 들었을 수도 있다. '그러다가 말겠지!' 하며 생각을 하였을 것이다. 그런데 엄마는 몇 년 동안 진심으로 지속적으로 하였다. 그랬더니 아이가 어느 순간부터 점점 변하기 시작했다. 엄마의 그 간절하고 진심 어린 말에 감흥이 되어서 공부를 하기 시작하였다. 아이에게 계속적으로 "넌 할 수 있다!"는 말을 하였다. 그 말을 계속 들은 아이는 자신도 모르는 사이에 자존감이 높아졌을 것이다. 자신도 "할 수 있다!"고 믿게 된 것이다. 아무리 다른 사람이

"넌 할 수 있다!"고 말해주어도 스스로가 "난 할 수 있다!"라고 생각하지 않으면 아무 소용이 없기 때문이다. 그 후 딸은 자신이 바뀌게 된 것은 종이에 빼곡하게 '유학 갈 딸이……'라는 엄마의 메모를 우연히 보고 울컥했다고 한다. 그리고 이렇게 결심하게 되었다고 한다.

'이렇게 믿어주는 엄마를 위해서라도 열심히 해보자!'
'이런 나에게 한 번도 화내지 않고 지지해주다니!'

그리고 정말로 엄마가 말한 그대로 유학을 가고 박사가 되었다. 정말 기적이 일어난 것이다. 왜냐하면 그 집안은 형편이 넉넉하지 못해 유학을 갈 수 있는 상황이 아니었는데 엄마가 말한 대로 이루어졌기 때문이다. 아이를 믿어주는 것은 불가능도 가능으로 만들어준다. 엄마는 현재 아이의 모습만 본 것이 아니라 잠재력을 보았던 것이다. 거기다 자신의 형편이 어렵다고 생각하기 이전에 자신이 바라는 것만 소원하였다. 이처럼 긍정의 힘은 대단한 것이다. 뜻이 있는 곳에 길이 있다.

이렇듯 내 아이의 미래는 엄마가 만드는 것이다. 단 한 사람의 진심 어린 응원은 이토록 삶에 큰 변화를 주는 것이다. 엄마의 역할은 이렇게 대단한 것이다. 그리고 지금 내가 처한 환경으로 아이의 꿈을 막으면 안 된다. 내가 하고자 한다면 반드시 길은 열리기 때문이다. 간혹 아이의 꿈을 듣고 현실적으로 형편이 어렵다고 막는 경우를 종종 본다. 아이는 부모가 모든 것을 해주기를 바라고 꿈을 말하는 것이 아니다.

자신을 지지해주는 사람이 필요한 것이다. 아이의 꿈을 지지하고 응원해주면 그 방향대로 흘러간다. 지금의 형편을 생각하고 아이의 꿈을 막으면 안 된다. 아이들은 진정으로 자신을 믿어주고 격려해주길 바란다. 나의 아이의 잠재력을 보고, 크게 될 아이라고 믿고 응원하자! 엄마가 믿는 만큼 아이의 자존감은 자란다. 엄마의 말 한마디가 중요하다!

06

21세기는
자존감 높은 사람을 원한다

새로운 것을 창조해내는 사람들은 드물고,
그렇게 하지 못하는 사람들은 수없이 많다. 그러므로 후자가 더 강한 것이다.

– 가브리엘 코코 샤넬 –

남의 눈치를 본다, 자기 주관대로 해석한다, 칭찬을 들어도 못 믿는다, 한 번만 지적받아도 우울하다, 타인이 화내면 내 탓인 것 같다, 남의 말에 잘 휘둘린다, 새로운 도전을 두려워 한다, 자기 스스로를 비하한다. 이것은 자존감이 낮은 사람들의 특징이다. 자존감이 낮으면 사는 데 많은 브레이크가 걸린다. 자기 스스로를 못난 사람으로 만든다.

"나는, 잘 못해!"

"난, 안 돼!"

"내가, 어떻게 할 수 있어!"

이런 말을 하고 사는 사람들은 얼마나 많은 기회를 놓치고 살아갈까? 망설이다가 세월이 다 가게 된다. 나를 사랑하는 것이 자존감의 출발이다. 자기 자신을 사랑한다는 것은 환경이 바뀌건, 입장이 바뀌건 상관없다. 자신을 사랑하는 노력을 멈추지 않는 사람이다. 자신이 직장에 신입 사원이거나 높은 지위를 가지거나 그런 외적인 상황에 영향을 받지 않는 사람일 것이다. 그러므로 사회에서는 이런 사람들을 더 선호하는 것은 당연한 일이다. 나의 아이들을 멋진 사회의 일원으로 살아가게 하기 위해선 자존감을 높여주어야 한다.

내가 만약 사장이라고 해도 긍정적이고, 용기 있고, 밝은 사람을 원할 것이다. 매사에 일을 대하는 태도에서도 확연한 차이를 보이기 때문일 것이다. 자존감이라는 것은 어릴 때 형성을 시키는 것이 무엇보다 중요하다. 그때의 자존감이 일생에 영향을 미치기 때문이다. 학교 성적, 리더십, 대인 관계, 문제 해결 능력 등 전반적으로 상관이 있다. 합리적이고 주도적인 사람이 되기 때문이다. 무엇보다 행복한 사람이 된다.

"나는, 내 자신이 맘에 들어!"
"내 인생의 주인공은 나야!"
"나는, 미움 받을 용기가 있어!"

남과 다르게 살아갈 수 있는 사람이 된다. '제임스 다이슨'은 청소기로 유명하다. '영국의 스티븐 잡스'라고 불린다. '제임스 다이슨'이 원하는 인재상은 무엇일까? 디자인 피플 인터뷰에서 이렇게 말한다.

"경력직보다는 대학교를 갓 졸업한 사람을 선호합니다. 어떨 때는 대학생을 채용하기도 해요. 우리는 호기심이 많고 수용력이 높은 사람을 원하는데, 경력자 중 일부는 변화를 싫어하고 자신은 할 수 없다고 쉽게 판단해버립니다. 하지만 지금처럼 빠르게 변하는 세상에서는 오늘의 해법이 내일도 적용된다는 법칙이 성립되지 않아요. 그렇기 때문에 호기심을 가지고 순수하게 새로운 방법을 제안하는 사람이 필요합니다."

제임스 다이슨이 원하는 인재 역시 자존감이 높아야만 가능하다. 이처럼 모든 성공자들은 자존감이 바탕이 되어 있는 것이다. 새로운 것을 개발하는 사람이 도전을 두려워했다면 다이슨 청소기도 세상에 나오지 않았다. 그는 세계 최초로 먼지봉투가 없는 진공청소기를 개발했다. 그 청소기를 개발하기 위해 5년간 5,126번의 실패를 겪어야 했다고 한다. 그의 자서전도 성공담이라기보다는 지독한 실패담이다. 끊임없는 실패와 좌절을 이겨낸 원동력은 그 문제를 해결하고 싶다는 욕망이 컸기 때문이었다고 한다. 다이슨 브랜드의 철학은 '일상생활 속 문제 해결을 위한 기술 개발'이라고 한다. 무심코 넘기는 일상에서 아이디어를 생각하고 멋진 제품을 개발한다는 말이다. 이처럼 성공자들의 공통점은 끊임없는 실패를 극복했다는 점이다. 그리고 호기심과 문제 해결 능력을 발휘하였기 때문에 가능한 것이다. 가장 중요한 두 가지 특징은 창의적 사고와 다른 시선으로 바라보는 것이다. 처음에는 너무 비싸서 실제로 제품을 사는 사람은 많지 않을 것이라는 평가를 받았다. 그는 "최고의 비즈니스는 현존하는 최고의 제품을 만들고 이를 고가에 팔아서 큰 이윤을 남기는 것!"이라고 한다. 남들과 똑같은 평범함에서 벗어나야 한다고 말한다.

우리나라의 경우와는 상반되는 의견이다. 우리는 남들이 다 가지고 있는 스펙이 없으면 큰일이라도 나는 것처럼 스펙 쌓기에 열을 올린다. 정작 자신이 원하지 않는 것이어도 남과 다르면 불안하다. 남들이 다 대학을 가니 나도 간다는 분위기라는 것이다. 자신이 원하는 것을 제대로 아는 아이로 키워야 하지 않을까? 남과 다르게 키우는 것에 두려움이 없어져야 한다. 남과 다른 사람이 이렇듯 부와 성공자의 삶을 자신의 것으로 만들 수 있다.

또 한 사람은 이케아 가구 창시자 '잉그바르 캄프라드'이다. 이케아 가구는 다른 기업과는 달리 독특한 구조이다. 고객이 직접 가구를 조립할 수 있도록 한 것이다. 불편을 판다는 잉그바르 캄프라드는 매 순간 어떻게 고객들을 만족시키고 놀래줄지 고민한다. 무언가를 감춘 듯한 신비주

의와 활짝 열려 있는 개방적 분위기를 조화롭게 유지하며 기업에 매혹적인 이미지를 심어놓았다. 잉그바르 캄프라드는 말한다.

"나는 80세가 넘는 것이 두렵지 않다. 나는 죽는 시간조차 없을 정도로 할 일이 많다."

이처럼 나이와 상관없이 꿈이 있는 사람은 할 일이 넘쳐나는 것이다. 하나를 성공하면 또 다른 구상을 하는 것이 성공자의 특징이다. 그들이 가장 소중하게 여기는 것은 아이러니하게 돈이 아니다. 시간을 가장 중요하게 생각한다. 그만큼 아주 짧은 시간을 허투루 쓰지 않는다. 그리고 현재에 안주하지 않는다. 끊임없이 도전하고 할 일을 찾아낸다. 성공자들은 경제적인 자유를 얻고 일하는 것에 즐거움을 느낀다. 왜냐하면 가슴이 시키는 일을 하기 때문이다. 누가 시켜서 억지로 하는 것이 아니라 본인이 하고 싶은 일을 하기 때문에 행복한 것이다.

나도 처음에 이케아 가구를 샀을 때 물건은 마음에 들었는데 직접 조립해야 하는 불편함이 있었다. 보통 가구는 배송과 조립을 같이 해준다. 그런데 이케아는 조립을 하게 되면 따로 비용 부담을 해야 한다. 그래서 불만이 생기기도 했는데, 직접 조립해보니 오히려 가구에 애착을 갖게 되었다. 고객 상담사가 고객들이 직접 조립하는 것을 행복해한다고 말한다. 나는 또 다른 가구도 사고 싶다는 생각이 들었다. 직접 조립하는 것은 매력적이었다. 이처럼 이케아 역시 새로운 관점으로 사람들을 열광시키고 있다.

두 사람의 특징은 창의적인 것, 남과 다르게 생각하기였다. 자존감이 높은 아이가 인생을 바꿀 수 있는 것이다. 그렇다면 아이의 행복과 성공을 위해서는 엄마가 아이의 자존감을 키워주어야 한다. 아이마다 기질이 다르다. 개성이 뚜렷한 것은 다른 생각을 할 수 있는 아이라고 인정하고 믿어주어야 한다. 제2의 다이슨이 될지도 모른다. 감정 기복이 심한 아이라고 '내 아이가 왜 이럴까?' 생각하지 말고 훌륭한 예술가의 기질을 타고 났다고 생각하는 것이다. 관점을 바꾸면 아이의 단점이라고 생각했던 것들이 모두 성공할 수 있는 재료들이 되는 것이다.

엄마가 아이를 어떻게 바라보느냐에 따라 아이의 미래가 결정된다. 다른 아이와 비교할 필요가 없다. 내 아이에게 집중하여 그 아이의 장점을 찾아 강점으로 발전시킨다. 단점조차도 아이의 달란트가 될 수 있다는 것을 잊지 말아야 한다. 행복을 열어갈 수 있는 것이 자존감이다. 엄마의 역할은 역사적 인물을 배출할 수도 있는 위대한 일을 하는 것이다. 21세기는 자존감 높은 사람을 원한다!

07

엄마부터
즐거운 삶을 살아라

행복의 원칙은 첫째 어떤 일을 할 것,
둘째 어떤 사람을 사랑할 것, 셋째 어떤 일에 희망을 가질 것이다.

- 칸트 -

엄마가 즐거운 삶을 살아야 한다. 아이는 엄마의 모습을 보고 즐겁게 사는 방법을 알게 된다. 아이들도 엄마가 아무것도 하지 않고 자신들만 뒷바라지하는 것을 원하지 않는다. 아들이 고학년이 되면서 이렇게 말한다. 엄마만 전업주부라고 말이다. 그러면서 뭘 좀 하지 그러냐는 듯이 말을 했을 때 나는 놀랐다. 엄마가 집에 있어서 더 좋아할 것이라는 생각은 착각이었다.

나도 어릴 적 엄마의 표정을 보고 감정을 읽었다. 엄마의 모든 것을 바라보았다. 엄마는 책을 많이 읽었다. 아줌마들과 모여서 쓸데없이 수다 떨고 관광버스 타고 놀러 다니는 것을 한 번도 본 적이 없었다. 마당에

꽃을 가꾸고 항상 스스로 행복한 시간을 가졌다. 하루도 누워 있는 것을 본 적이 없다. 항상 무슨 일이든지, 열심히 하는 모습을 보고 자라왔다. 그런 엄마가 나는 늘 자랑스러웠고 존경스럽다.

"엄마는 왜 매일 집에 있으면서도 화장을 하고, 머리를 손질하고, 옷도 예쁘게 입고 있어요? 나는 집에 있으면 화장도 안 하고 옷도 편하게 입거든요. 귀찮지도 않아요? 결혼하고 보니 엄마가 어떻게 그럴 수 있었는지 더 신기했어요!"

"나는 거울을 보면 내가 마음에 들어야 하니까. 전혀 귀찮지 않고 꾸미지 않은 내 모습을 보는 것이 내가 더 싫거든. 그래서 조금만 몸이 무겁다고 느껴지면 나는 밥을 몇 숟가락 덜어놓고 먹고, 관리를 해서 평생 몸무게를 똑같이 유지시켰지!"

"엄마를 보면 연예인들이 관리하듯이 하는 거 같아요. 정말 대단해요!"

엄마가 행복해야 아이도 행복하다. 자신을 돌보는 사람은 외모도 가꾸지만 동시에 내면도 보살핀다. "너를 어떻게 키웠는데!" 이런 말은 절대 하지 않는다. 엄마가 아이들만 바라보고 살지 않기 때문이다. 아이를 중심으로 사는 엄마는 자신을 돌보지 않는다. 그런 엄마를 바라보는 아이도 부담스러워한다. 자신을 가꾸는 사람은 자존감이 높은 사람이다. 자신의 인생에 주인공이 되는 사람은 행복하다.

딸아이가 유치원 때 미술학원에 다녔다. 원장 선생님이 얼굴도 예쁘고, 미술을 전공하였는데도 다른 분야에 관심이 많았다. 자기 계발로 발레, 꽃꽂이 등을 하는 걸 보고 '멋진 분이다!'라는 생각이 들었다. 얼마 후 결혼을 하여 학원 운영을 하지 않았다. 우연히 미술 선생님의 인스타그램을 보게 되었다. 여전히 선생님은 자신의 인생을 멋지게 가꾸고 있었다. 혼자 먹는 식사시간에도 꽃을 꽂고, 예쁜 그릇에 정갈하게 음식을 담는다. 옷도 '로코코' 풍을 연상하게 하여 마치 공주 같은 드레스를 입고 있다. 동화 속에나 나오는 생활을 실제로 하고 있었다.

그분은 누군가가 자신을 행복하게 해주기를 바라지 않고 스스로 행복을 만들어가는 분이었다. 보통 여자들은 결혼을 하게 되면 환경이 많이 달라져서 자신에게는 소홀하기 쉽다. 그 선생님을 보고 환경이 중요한 것이 아니라 자신을 얼마만큼 사랑할 줄 아느냐가 관건인 것이다.

자신의 인생을 책임질 사람은 자신이다. 그래서 엄마들도 항상 열심히 자신을 가꾸고 자기 계발을 하여야 한다. 한창 아기를 키울 때 엄마들은 공통점이 있다. 나 역시 그랬다. 유모차를 끌고 나올 때 늘 푸시시한 얼굴로 옷도 대충 입고 나온다. 마치 아기 엄마이니까 이해해줄 것 같은 기분이 들었던 것 같다. 아기를 키운다는 것은 엄마 역시 처음이어서 여간 힘든 것이 아니다. 하지만 그런 중에도 자기 관리를 하여 예쁘게 하고,

아기를 데리고 다니는 엄마들도 있다. 자신을 사랑하는 모습은 역시나 보기가 좋았다.

여전히 미스 때처럼 여성으로서의 매력이 있다. 아기를 본다는 것은 힘든 일이지만 자신도 가꾸어나간다면 훨씬 기분전환도 되고 활기도 생길 것이다. 뱃살이 늘어지는 것이 당연한 것이 아니라, 아기를 재우고 계단이라고 오르내리며 본인에게 집중하는 시간이 필요하다. 운동은 몸이 힘들 때일수록 더 필요하다. 체력이 길러지기 때문에 육아도 훨씬 즐거워진다. 내가 힘들면 그대로 아이에게 영향을 주기 때문이다. 두 번 다시 오지 않을 하루하루를 멋진 나로 가꾸어나가길 바란다. 나이가 들면 후회하게 된다. 지금에 충실하다면 당신의 인생은 성공한 것이다.

꿈을 찾는 일은 나이와는 상관없다. 늦었다고 생각할 때가 가장 빠르다고 한다. 나는 가슴 한편에 막연하게 멋진 사람이 되고 싶은 로망이 있었다. 누군가에게 롤 모델이 되는 것이다. 드디어 나는 가슴 뛰는 일을 만났다. 지금 이렇게 작가로서 글을 쓰고 있다. 내가 글을 쓰면서 아이들이 엄마를 다르게 보기 시작한다. 글을 쓰면서 나는 너무 행복해졌다. 엄마가 행복해 보이니 아이들도 덩달아 기분이 좋아진다. 예전에는 일 년에 커피숍을 몇 번 갈까 말까 했었다. 엄마들과 수다 떠는 것을 나는 별로 좋아하지 않았기 때문이다. 말을 하는 것은 좋아하지만 할 일 없이 시간 보내는 것은 하지 않는 편이었다.

내가 글을 쓰기 위해 노트북을 들고 커피숍에 출근을 한다. 젊은 친구들이 노트북을 가지고 와서 공부를 하고 미래를 준비한다. 그 속에서 나도 노트북을 연다. 음악이 흐르고 젊음이 있는 곳에서 나는 나에게 집중한다. 나의 미래를 위해 집필을 한다. 작가의 삶을 사는 나의 일상은 많은 것이 변했다. 남편은 자기 계발은 무조건 해야 한다고 생각했던 사람이었다. 남편 눈에는 뚜렷하게 무엇인가를 하고 있지 않는 내가 못마땅해 보였을 것이지만 나는 가슴 뛰는 일이 아니면 하고 싶지 않았다.

남편은 내가 자발적으로 뭔가를 시작한 것만으로도 응원해준다. 그동안 남편과 별로 대화를 하지 않았었는데, 요즘에는 즐거운 대화가 오가는 집안 분위기가 되었다. 남편과의 관계에서도 예전에는 '너무 안 맞다!'며 서로 불만이었다. 하지만 지금은 처음 만났을 때 서로 끌렸던 부분, 그리고 각자의 선택이 틀리지 않았다고 말하며 웃는 일이 많아졌다.

아들에게도 코로나19로 인해 밖에도 나가지 못하니 독서를 권유했다. 나중에 엄마 책 나오면 그 책은 꼭 읽겠다고 한다. 왠지 뿌듯함이 느껴진다. 아이들에게 재산을 물려주기보다 엄마의 사상과 철학을 물려주게 되어서 무엇보다 기쁜 일이다.

"이젠 올 수도 없고 갈 수도 없는 힘들었던 나의 시절, 나의 20대, 멈추지 말고 쓰러지지 말고 앞만 보고 달려, 너의 길을 가, 주변에서 하는 수많은 이야기, 그러나 정말 들어야 하는 건 내 마음 속 작은 이야기, 지금 바로 내 마음 속에서 말하는 대로 말하는 대로 말 하는 대로 될 수 있다고 될 수 있다고, 그대 믿는다면 마음먹은 대로(내가 마음먹은 대로) 생각한 대로(그대 생각한 대로) 도전은 무한히, 인생은 영원히, 말하는 대로 말하는 대로 말하는 대로 말하는 대로."

'말하는 대로'의 가사다. 이 노래를 들었을 때 감동적이었다. 무명을 극복하고 국민 MC가 된 유재석이 불러서 더 와 닿았는지 모르겠다. 이처럼 미래는 말하는 대로 될 수 있다는 희망적인 가사가 너무 좋았다. 정말 자신이 원하면 된다는 사실은 나를 통해 알게 되어 소름 끼쳤다. 글을 쓰는 작가라는 타이틀이 내 인생에 생길지는 몰랐기 때문이다. 유튜브 〈김도사TV〉를 통해서 나의 인생을 다시 생각하게 된 계기가 되었다. 평범한 사람일수록 책을 써야 한다는 말에 용기가 생겼던 것이다.

평범했던 전업주부가 작가가 될 수 있었다. 나는 나를 더욱 사랑하게 되는 법을 알게 되었다. 작가로서 프로필 사진을 찍고 나를 점검하는 계기가 되었다. 바로 홈트를 시작했다. 나에게 더욱 집중하고 사랑하게 되었다. 엄마의 자존감은 아이의 자존감이 된다. 엄마가 자존감이 높아지면 아이도 그런 아이가 된다. 하지만 엄마의 자존감이 상실되면 아이의 자존감 역시 상실된다.

아이에게 희생이라는 말로 아이를 힘들게 하면 안 된다. 아이의 인생과 엄마의 인생은 다르게 받아들여야 한다. 아이들을 통해, 남편을 통해 대리만족하는 인생은 위험하다. 언젠가 엄마인 자신의 인생에 후회를 남기게 되기 때문이다. 엄마가 자신의 인생을 살아야 한다. 엄마가 엄마 인생을 소중히 여기면 아이들도 엄마의 인생을 존중해준다. 그리고 아이들 자신의 인생도 소중히 여긴다. 엄마가 즐거운 삶을 살아야 한다. 아이의 자존감은 엄마의 자존감에 달려 있다는 사실을 잊지 말아야 한다!

08

엄마가
자존감 공부를 하라

아이에게는
모든 가능성이 있다.
- 레프 톨스토이 -

　"자아존중감이란 자신이 사랑받을 만한 가치가 있는 소중한 존재이고 어떤 성과를 이루어낼 만한 유능한 사람이라고 믿는 마음이다. 자아존중감이 있는 사람은 정체성을 제대로 확립할 수 있고, 정체성이 제대로 확립된 사람은 자아존중감을 가질 수 있다. 자아존중감은 객관적이고 중립적인 판단이라기보다 주관적인 느낌이다. 자신을 객관화하는 것은 자아존중감을 갖는 첫 단추이다. 간단히 자존감, 자존심이라고도 부른다. 이 용어는 미국의 의사이자 철학자인 윌리엄 제임스가 1890년대에 처음 사용하였다. 자존감이라는 개념은 자존심과 혼동되어 쓰이는 경우가 있다. 자존감과 자존심은 자신에 대한 긍정이라는 공통점이 있지만, 자존감은 '있는 그대로의 모습에 대한 긍정'을 뜻하고 자존심은 '경쟁 속에서의 긍정'을 뜻하는 등의 차이가 있다."

- 위키백과 (Wikipedia)

위와 같이 자신이 사랑받을 만한 가치가 있는 소중한 존재라고 생각하는 자존감이 삶에 지대한 영향을 끼친다. 내가 지금껏 살아보니 어렸을 때부터 갖추어야 했던 가장 중요한 것은 자존감이다. 아이의 인생을 바꾸는 것이 자존감이기 때문이다. 아이의 인성도, 리더십도, 창의력도, 결국은 모두 자존감과 연결되어 있다. 하지만 초등학교 때부터 '성적!'이라는 한정된 것으로 아이들의 가치를 판단하였다. 공부를 잘하면 학교에서 선생님, 부모님께 인정받는다. 그에 비해 공부를 못하면 마치 죄를 짓는 듯한 마음이 들어야 했고, 인정받지 못하는 분위기다. 공부에만 한정짓지 말고 있는 그대로의 모습을 인정받는다면 아이들이 얼마나 행복해질까?

나 역시 학교 다닐 때 성적으로 줄 세우기 하여 학생들을 판단하는 분위기가 너무나 싫었다. 마치 정육점에 가면 1등급, 2등급 매겨진 소나 돼지 취급하는 것과 무엇이 다른지 모르겠다. 자신의 성적에 자신의 가치가 매겨지면 자존감은 저절로 낮아진다. 주눅이 들어서 자신에게 집중하지 못하고, 자신이 무엇을 잘하는지 무엇에 관심이 있는지조차 모르게 된다. 학창 시절 선생님이 아이들을 대할 때도 공부 잘하는 아이와 못하

292 아이의 자존감은 엄마의 말에서 시작한다

는 아이에게 대하는 태도가 무척이나 달랐다. 서글픈 현실이었다. 사회에서도 다르지 않고 여전히 학벌 위주의 사회다.

이런 사회 분위기 속에서 경쟁에 내몰린 아이들은 상처를 받고 자라게 된다. 남과 다름을 인정받지 못하는 것은 자신의 가치를 부정 당하는 것과 같기 때문에 자존감이 형성되지 못한다. 아무리 학교에서, 사회에서 아이가 인정을 받지 못하더라고 단 한 사람, 엄마가 아이를 인정하고 응원해주면 된다. 세상에 문제가 있는 아이는 아무도 없다고 한다. 문제가 있는 부모가 있을 뿐이라고 말한다. 이처럼 엄마의 역할이 크다. 낙담하고 실패한 인생이라고 포기하려고 했던 사람들이 엄마의 단 한마디 말을 듣고 역사에 이름을 남기는 위인이 되었다는 사실을 기억하자!

"넌, 할 수 있어!"
"너는, 다른 사람과 다를 뿐이야!"
"너의 잠재력을 믿어!"

에디슨, 아인슈타인, 스티븐 잡스, 오프라 윈프리 등 이런 사람들 역시 처음부터 뛰어나지는 않았다. 평범하지 못했던 사람들이 오히려 더 많다. 오히려 이들의 공통점은 거의 문제가 있었던 어린 시절이 있었다. 다른 사람들이 모두 문제가 있다고 했을 때 엄마가 "내 아이는 다른 아이와 다를 뿐!"이라고 하며 격려하였다. 이처럼 엄마는 위대한 일을 할 수 있는 것이다.

아이를 있는 그대로 믿어주면 잠재력을 끄집어낼 수 있다. 물론 이런 과정 속에서 자존감이 높아지는 것이다. 엄마의 말과 태도, 아이를 바라보는 눈길 모두 자존감을 키울 수 있다. 아이의 자존감을 키우는 역할이 어려울지 모른다. 단지 아이의 말을 집중해주고, 아이의 마음을 읽어주고, 아이에게 의사를 물어보고, 아이의 말에 진정성 있게 공감하는 것이다.

아이의 연령에 맞게 어릴 때는 스킨십을 많이 하는 것이 좋고, 안아주고 머리를 쓰다듬어 주는 것도 좋다. 자라서는 아이의 말을 소중하게 여겨준다. 더불어 엄마의 감정 상태도 정확하게 아이에게 말을 해주어야 한다. 감정적으로 말하기보다 현재 엄마의 상태를 알려주어야 아이도 자신의 감정을 조절할 수 있는 것을 배울 수가 있다. 그리고 엄마가 자신을 사랑하여야 한다. 엄마가 자신의 인생을 소중하게 여겨야 한다. 엄마가 먼저 행복해야 한다. 아이를 돌보는 생활에만 이끌려서 살면 안 된다.

엄마의 인생을 살아야 한다. 때론 자신을 위해 오롯이 집중하기 위해 혼자라도 영화를 보든지, 잠시 가까운 곳이라도 여행을 하든지 자신을 위한 시간을 보내야 한다. 때로는 가지고 싶었던 물건을 스스로에게 선물을 하는 것이다. 엄마가 자신에게 집중하고 자신의 인생을 중심으로 살게 되면 아이의 성적이나 단점에 집착하지 않게 된다. 서로 객관적으로 바라보는 사이가 되어야 한다.

　서로 존중하는 관계가 되어야 좋은 관계가 형성된다. 지나치게 아이에게 희생하면 결국에는 아이도, 엄마도 힘들게 된다. 동등한 입장에서 서로 바라봐주는 것이다. 완벽한 부모는 없다고 인정하고 스스로를 다독거리는 것도 중요하다. '이만하면 나는 좋은 엄마야!'라고 생각하면 엄마의 자존감도 올라간다. 엄마의 자존감이 건강하면 아이의 자존감도 잘 자라게 된다. 자존감이 높은 아이는 어떤 일에 부딪쳤을 때 현명하게 문제를 해결할 수 있는 아이가 된다.

　나는 김미경 강사의 강연을 좋아한다. 그녀는 항상 먼저 사람들의 마음을 열어주고 본격적인 강연을 한다. 그리고 감동과 웃음으로 잘 버무려서 즐거운 시간을 만든다. 내용도 참 기발하고 배울 점이 많기 때문이다. 그녀의 유튜브를 통해 더 진솔한 이야기들을 접했다. 자신은 무척이나 고집이 센데다 새로운 도전도 많이 했다고 한다. 자매들 중에 부모님 속을 가장 많이 썩였다고도 한다. 하지만 부모님이 무척이나 현명하셔서 자녀들 모두 자존감이 높고 독립적으로 훌륭하게 인생을 잘 살고 있는 듯했다. 그래서인지 그녀 또한 현명하다. 자녀들이 김미경 강사가 엄마인 것이 행운이라는 생각이 들었다.

큰딸이 미대를 몇 달 다니고 바로 자퇴를 하였고, 다른 공부를 하기 위해 삼수까지 하다가 다시 예전에 다녔던 미대로 다시 들어갔다고 한다. 아들 역시 중3 때 3달밖에 남지 않았는데 갑자기 피아노를 전공한다고 해서 연습을 해서 예고에 덜컥 합격했다. 하지만 합격한 것이 오히려 문제였다고 한다. 피아노 한 곡을 달달 외우고 합격했으나, 들어가서는 적응하기 너무 힘들어 고2 때 아들이 엄마에게 고충을 말하니 "당장 학교 그만두라!"라고 했다고 한다.

이처럼 김미경 강사는 아이들의 입장에서 먼저 생각해주는 멋진 엄마였던 것이다. 자존감이 높은 엄마가 자존감 높은 아이가 된다는 말이 생각났다. 아이들도 자신의 감정을 그대로 엄마한테 말을 하였고, 엄마는 아이들을 존중해준 것이다. 말은 쉽지만 어려운 결정이었을 텐데, 참 대단한 것 같다. 김미경 강사는 인생에서 사회적 알람에 꼭 맞출 필요는 없다고 말한다. 각자의 알람에 집중하고 나아가면 된다고 말이다. 그리고 몇 년 늦다고 인생에 실패한 것이 아니기 때문이라고 한다. 정말 공감되는 말이었다.

아이들은 모두 잠재력을 타고난다. 아이가 엄마에게 인정받는다고 생각하면 세상을 다 가진 기분일 것이고 실패해도 오뚝이처럼 다시 일어나게 되는 것이다. 이처럼 자존감을 아는 엄마의 선택은 탁월하다. 엄마는 아이의 잠재력을 끄집어내어주는 조력자가 될 수가 있다. 그러므로 자존감 공부를 해야 한다. 아이가 세상의 주인공은 자신이라고 알게 해주고 주도적인 아이가 되도록 엄마는 도움을 주는 역할을 하는 것뿐이다. 아이도 행복하고, 엄마도 행복하게 될 수 있다. 엄마는 아이와 시간을 가장 많이 보내는 사람이다. 정서적인 유대 강화와 함께 아이의 선택을 존중해주고 아이를 응원해주자! 내 아이의 행복과 성공이라는 두 마리의 토끼를 모두 잡고 싶은 엄마라면 마땅히 자존감 공부는 선택이 아니라 필수이다!

비운의 천재 화가 모딜리아니

이탈리아의 화가 모딜리아니는 매우 병약한 아이였다. 어려서부터 병치레가 많아 학교를 그만두게 되었다. 어머니의 정성 어린 간호로 건강을 회복하여 다시 학교에 다니게 되었지만 또다시 장티푸스에 걸리고 말았다. 모딜리아니는 심리적으로도 위축되어 폐쇄적인 성격을 갖게 되었다. 모딜리아니는 절망적인 마음으로 늘 병상에 누워서 희망을 잃었다. 어머니는 그런 아들에게 희망과 용기를 주었다.

어머니는 병마에 시달리는 아들에게 "아프지 않은 사람은 없단다. 이런 병과의 싸움에서 지면 그야말로 너는 아무것도 할 수 없어! 그러면 인생의 패배자가 되는 것이다. 용기를 내어야 한다!"라고 말해주었다. 어머니는 아들을 데리고 요양을 위한 여행을 다녔고, 희망을 가질 수 있도록 그림에 대한 흥미를 이끌어주었다. 그림을 그리면서 모딜리아니는 삶의 희망을 가지게 되었다.

그 덕분에 닫힌 마음도 열고 정서적으로 안정되었을 뿐만 아니라 모딜리아니의 재능도 발견하게 된 것이다. 어머니는 학교를 그만두게 하여 아들이 오로지 그림에만 집중할 수 있도록 하였다. 모딜리아니는 다행히 어머니의 바람대로 그림을 그리며 병마와 싸워나갔고, 독창적인 자신만의 세계를 만들어갔다. 가냘프고 병약한 아들에게 삶의 희망을 갖도록 용기를 불어 넣어줬다. 이러한 어머니의 노력으로 인해 모딜리아니는 세계적인 화가가 될 수 있었다.

위대한 인물 뒤에는 반드시 위대한 어머니가 있다. 아이를 묵묵히 기다려주고 넘어질 때마다 일으켜주며 "괜찮아. 넌 다시 일어날 수 있어!"라고 끊임없는 격려로 어려움을 극복하게 만들어주는 어머니가 아이들에게는 최고의 선물이 될 것이다!

에필로그

아이의 행복 토대는
자존감이다

이 책을 보고 자존감의 중요성에 대해 알게 되었을 것이다. 엄마라면 아이에게 무엇이라도 해주고 싶은 마음이 있다. 엄마 역할에 있어 아이에게 최고의 선물은 자존감을 심어주는 것이다. 특히나 첫아이 때 시행착오를 줄일 수 있도록 조언을 한다면, 선행학습보다 자존감 교육을 우선시하기를 바란다. 당신의 아이를 행복한 아이로 키울 수 있을 것이다.

나는 첫아이 때 몰랐던 것을 둘째 아이 때 알게 되었다. 엄마가 처음일 때 서툴지만 온갖 열의를 갖고 아이를 키운다. 아이에게 가장 중요한 자존감 형성에 중점을 두어야 한다. 초등학교 때까지 형성된 자존감이 중고등학교를 비롯해서 성인이 되어서도 영향을 끼친다는 사실에 주목해야 한다.

자존감을 높여주면 꿈을 꾸는 아이로 자랄 수 있다. 자신을 사랑하는 멋진 성인으로 자라서 행복한 인생을 살아갈 수 있게 된다. 오늘부터 하나하나 실천해보자. 그리고 아이를 보면 엄마가 보인다는 말에 더 주목을 하였으면 한다. 엄마가 아이에게 끼치는 영향은 크다는 것을 알 수 있을 것이다. 어떤 방법론을 찾기 이전에 엄마의 내면을 들여다보아야 한다.

엄마 스스로 행복해지기 위해 노력해야 한다. 엄마가 자신에게 셀프 칭찬도 하고 마음을 다스리는 명상이나 책 읽기를 하자. 행복한 엄마가 행복한 아이로 키울 수 있기 때문에 행복해지려고 노력하는 엄마가 되어야 한다. 엄마는 아이와 함께 성장하는 것을 게을리하면 정체될 것이다. 아이가 성장하는 속도만큼 엄마도 함께 성장하여야 한다.

아이들은 완벽한 엄마를 원하는 것이 아니다. 자신을 있는 그대로 바라봐주고 믿어주는 엄마를 원한다. 아이의 자존감을 높이는 데 중점을 두어야 한다. 아이에게 도움을 주는 부모가 되려고 노력해야 한다. 아이의 자존감은 작은 것에서부터 형성된다. 엄마의 따뜻한 눈길로도 전달된다. 엄마의 지지를 받고 있다고 느끼게 해주자. 엄마는 아이와 평생 함께 할 수는 없다. 하지만 자존감을 장착해주면 아이의 일생을 행복한 사람으로 살아갈 수 있도록 만들어줄 수는 있다.

위인들 중 많은 사람들은 어렸을 때 병약하거나 저능아 취급을 받았다. 엄마가 안심할 수 있는 아이가 아니었다는 말이다. 하지만 그 어머니들은 공통적으로, 아이를 현재의 모습만 가지고서 판단하지 않았다. 찬란한 아이의 미래를 바라보고 용기와 격려를 아끼지 않았다. 평범하지도 않던 아이를 비범한 사람으로 성장시켰던 것이다. 남과 다름을 인정하고 남과 같지 않음을 탓하지 않고, 오히려 개성으로 승화시켜 위대한 역사를 남기는 사람으로 키웠다는 점은 많은 것을 시사한다.

엄마의 역할이 이토록 중요하다는 것을 알았는가? 그렇다면 이제 아이의 자존감을 높이는 것에 몰두해야 한다. 아이를 위해 해줄 수 있는 최고의 유산을 물려주게 될 것이다.

당신도 아이도 더욱 행복해지길 바란다.